普通高等院校工程图学类规划教材

现代工程图学
（第2版）

主　编　董晓英　叶　霞
副主编　张向华　陈　芳

清华大学出版社

北京

内 容 简 介

本书是教育部人文社会科学研究专项任务(工程科技人才培养研究)项目"'新四化'视域下现代职业教育体系中工程类专业课程建设研究"(14DGC006)课题研究成果。根据教育部"普通高等院校工程图学课程教学基本要求",针对应用技术型高等学校人才培养要求编写而成。

全书共 10 章,主要内容包括制图基本知识、正投影法基础、立体的投影、组合体的视图、轴测图、机件常用表达方法、标准零件与常用零件、零件图、装配图、计算机绘图。与本书配套的《现代工程图学习题集(第 2 版)》同时由清华大学出版社出版。

本书融现代工程图学与计算机绘图的内容于一体,融传统教学手段和现代教学手段于一体。本书突出应用型特色,注重立体构形能力、图视思维表达能力、自主学习能力的培养。

本书可供应用型本科院校工科机械类、近机类各专业教学中使用,亦可供其他类型院校相关专业和自学者选用。

图书在版编目(CIP)数据

现代工程图学/董晓英等主编. —2 版. —北京:清华大学出版社,2015(2024.9重印)
(普通高等院校工程图学类规划教材)
ISBN 978-7-302-40030-1

Ⅰ. ①现…　Ⅱ. ①董…　Ⅲ. ①工程制图－高等学校－教材　Ⅳ. ①TB23

中国版本图书馆 CIP 数据核字(2015)第 086755 号

责任编辑:杨　倩　庄红权
封面设计:傅瑞学
责任校对:赵丽敏
责任印制:曹婉颖

出版发行:清华大学出版社
　　　　网　　址:https://www.tup.com.cn,https://www.wqxuetang.com
　　　　地　　址:北京清华大学学研大厦 A 座　　　　邮　　编:100084
　　　　社 总 机:010-83470000　　　　　　　　　　邮　　购:010-62786544
　　　　投稿与读者服务:010-62776969,c-service@tup.tsinghua.edu.cn
　　　　质量反馈:010-62772015,zhiliang@tup.tsinghua.edu.cn
印 装 者:小森印刷霸州有限公司
经　　销:全国新华书店
开　　本:185mm×260mm　　印　张:17.5　　字　数:403 千字
版　　次:2007 年 9 月第 1 版　2015 年 6 月第 2 版　印　次:2024 年 9 月第 10 次印刷
定　　价:45.00 元

产品编号:056447-03

前　言

　　本书是教育部人文社会科学研究专项任务(工程科技人才培养研究)项目"'新四化'视域下现代职业教育体系中工程类专业课程建设研究"(14DGC006)课题研究成果。根据教育部"普通高等院校工程图学课程教学基本要求",在 2007 年版《现代工程图学》基础上,针对应用技术型高等学校人才培养的新要求,依据国家标准变化重新编写而成。

　　编写组成员多年来致力于应用型本科教育现代工程图学教学内容和教学方法改革与实践,先后在工程制图与 CAD 的融合、图视思维、积件思想、多媒体教学、网络教学、自主学习、学生创新实践等方面取得了诸多成果,近年来,又在工科课程建设与改革中取得一些新进展,并与德国、美国同行进行了深入的交流和协作。在国内、外同行的鼓励下,完成了本版编写任务。

　　基于"新四化"视域下现代职业教育体系建设中高等学校应用型人才培养的实际需要,力图反映工业化与信息化深度融合的发展趋势,主要有以下特点:

　　(1) 以立体为主线。本书遵循从三维立体到二维平面的图形认识规律来介绍正投影的基本理论与基本方法,注重将投影理论与绘图实践相结合,将点、线、面投影与立体的投影相结合,将投影与视图、形体分析与构形设计相结合,使教学内容易于理解。

　　(2) 注重先进性。本书所有标准全部采用国家最新标准,融现代工程图学与计算机绘图内容于一体,并选用了 AutoCAD 绘图软件。在组合体的视图一章中介绍了构形设计、图视思维等设计方法。

　　(3) 加强实践环节。本书着力培养学生的徒手绘图、尺规绘图和计算机绘图等实践能力,注重三者的有机融合。在配套的习题集中,题型多,既有作图题目,又有选择题目;既有尺规作图题,又有计算机绘图题。突出了徒手图和计算机绘图练习题目,同时注重题目的难度和梯度。

　　(4) 本书融传统教学手段和现代教学手段于一体,体现积件思想、网络学习等先进的学习方式,并有配套的教学课件。

　　本书由董晓英、叶霞任主编,张向华、陈芳任副主编。编写人员:董晓英(绪论,第 9 章,第 10 章),叶霞(第 1 章,第 2 章,第 3 章),宋业存(第 4 章),张向华(第 5 章,第 6 章,第 8 章,附录),陈芳(第 7 章),蒋琴仙、徐旭松、毕伟参与绘制了部分图形。

　　本书在编写过程中参考了部分教材和文献,在此谨向原作者致谢。

　　对清华大学出版社在本书选题、编辑和推广过程中所付出的巨大努力和所表现出的优秀专业水准表示敬意和感谢。

　　限于编者水平,教材中难免有不妥之处,敬请广大同仁及读者惠于指正,不吝赐教,在此谨表谢意。

编　者

2015 年 1 月

目　　录

绪　　论

在工程上,人们把准确地表达物体的形状、尺寸与技术要求的图称为图样。在机械制造中,人们根据图样加工零件,再按图样将零件组装成部件或机器。因此,工程图样是表达和交流技术思想的重要工具,是工程的"语言"。设计者通过它把设计思想表达出来,制造者通过它控制制造过程,检验者通过它判定质量水平。若想认识、制造或发明机械,必须先学会这一"语言"。一是学会"接收"它,就是读图(看图),二是学会"传达"它,即制图(绘图)。"现代工程图学"将带领学习者走上工科之路,开始认识机械、认识工业。

1. 工程图学的发展趋势

工程图自古有之,从半坡文化到殷墟遗址,从墨家学派到王祯《农书》,从《周礼·考工记》到《营造法式》,从都江堰到天象台,从黄道婆到宋应星,人们把"图"作为工程语言由来已久。

18 世纪,法国科学家蒙诺创立了画法几何学,他研究空间几何元素(点、线、面)及其相对位置在平面上的表示方法,研究在平面上用几何作图的方法解决空间几何问题。以画法几何为理论基础的工程图学为工程与科学技术领域提供了可靠的理论工具和解决问题的有效手段。

随着计算机技术的发展,CAD/CAM 技术得到了广泛的应用,新的生产模式(构思三维产品→计算机三维造型→数控加工),给工程图学提出了更新更高的要求。它必须以培养适应经济发展需要,具有时代气息的人才为目标。将计算机作为工程制图的主要工具,充分利用计算机技术及其成果,特别是将计算机绘图手段与参数化实体造型技术引入工程图学教育,已成为工程图学教育发展的主要方向。

无论是传统图学还是现代图学,用构形方法培养受教育者的形象思维能力和创造思维能力都显示了图学课程的重要地位。现代工程图学借助计算机的三维设计表达能力和模拟仿真技术,对空间形体进行广泛的构思和彼此联想,较从前更具新颖性、独特性和创造性,对于培养创造性空间想象能力、思维能力和图形表达能力起到了非常好的启发作用。

在"新四化"视域下,我国制造业的转型升级方兴未艾,工业化与信息化深度融合蓄势待发。基于此,我们建立了基于信息技术的学习资源体系,设计了自主学习—实践训练—方法指导相结合的学习程序;突出工科教育特点,理论知识内容工具化,实践能力教学项目化,专业技能训练课程刚性化;设计新的教学模式,提供任务驱动、项目导向、情境教学、工学交替的教学方案。

2. 现代工程图学的主要内容

工程图学是研究、阅读、绘制工程图样和图解空间几何问题的技术基础,既有系统的理论,又有较强的实践性。现代工程图学课程主要包括画法几何、制图基础、机械图样、计算机绘图四大部分。画法几何部分主要研究正投影法原理以及图示空间形体和图解空间几何问题的理论和方法，是阅读和绘制工程图样的理论基础，也是培养学生空间想象能力和空间解决问题能力的主要思想方法；制图基础部分训练学生用仪器和徒手绘图的操作技能，培养阅读和绘制投影图的基本能力，这一部分是本书的重点；机械图样部分主要介绍国家标准《机械制图》的有关规定，培养绘制和阅读常见机器或部件的零件图和装配图的基本能力，以培养读图能力为重点；计算机绘图部分介绍绘图软件（AutoCAD），主要介绍二维绘图基本命令的操作方法和技巧，训练在计算机上绘制工程图样的能力。

3. 现代工程图学的任务

（1）学习正投影法的基本原理及其应用，培养图解空间几何问题的能力；

（2）培养对三维空间物体的形状表达及相对位置关系的分析能力，从而培养空间逻辑思维能力和形象思维能力；

（3）培养阅读工程图样的基本能力；

（4）培养计算机绘图和三维几何体造型的基本能力；

（5）培养徒手绘制工程图样和使用仪器绘图的基本能力；

（6）培养查阅和使用有关手册和国家标准的能力；

（7）在教学过程中有意识地培养学生的自学能力、分析问题和解决问题的能力，以及认真负责的工作态度和严谨细致的工作作风。

4. 现代工程图学的学习方法

1）强调自主学习

工程图学只是带领学习者迈进工程的门槛。在学习中必须要让学习者提高学习的主动性，认识到读图与绘图是工程实践的重要内容，是以后学习设计、制造等专业课的必要基础。主动学习的目标性要强，在教师的指导下有的放矢的学习，独立完成作业是对学生的最低限度的要求，必须要达到。但是工程图学这门学科无论从理论上还是实践上都有很强的拓展性，学有余力的学习者，还有很大的拓展相关知识的空间。要充分利用好各种资源，积极探索新领域，增加创新机会。工程图学及 CAx 课程群具有明显的信息化特色，其学习方式需要与现代教育技术更紧密的结合，融信息技术、信息资源、信息方法为一体。

2）注重实践能力的培养

工程图学是一门应用性很强的学科，要特别重视实践。包括上好习题课，独立完成作业，学会自我检验，积极参加评图课等教学项目。学习过程中倡导实施"导生制"。导生也即优秀生，要提高学习要求，善于辅导其他学习者，同时自身也在辅导中得到提高，这种交流方式可使双方受益。学习中要先行学习一些后续课程中的内容，以提高学习的目的性。尽量争取实际的工程和设计实践，了解实际生产活动的需求。本课程只能为学生的绘图和读图能力打下初步基础，在后续课程、生产实习、课程设计和毕业设计中，学生还应继续培养和提高这种能力。

3）运用图视思维方法

图视思维方法是通过三维立体图形，模拟仿真真实的工程零件形状，从而培训学习者。图视思维方法是根据已知视图的特点，想象形体形状；运用形体分析法和线、面分析法等看图思维的基本方法；通过几种空间形体的构思和表达，模拟实际的构形与设计。学习好图视思维方法有利于开发创造性空间想象能力、思维能力和图视能力。

4）应用积件思想

积件将教与学的界限趋于模糊。教育者和学习者都可以将自己制作的多媒体素材、微教学单元加入教学资料库，也可以通过访问虚拟图书馆、上网获取更多的和最新的素材。既可将自己独到的教学和学习方法（教学内容呈现方式和教学策略）归纳整理，建立自己的素材呈现方式构件库和教学或学习策略库，也可以吸纳他人的优秀方法补充自己的库或直接用于目前的教学单元中去。学习者可以根据自己的学习进度和学习习惯达到学习目标。

第1章 制图基本知识

本章将介绍如下内容：国家标准《技术制图与机械制图》的有关规定；绘图工具及仪器的使用；徒手图的绘制；简单的几何作图；平面图形的画法及尺寸标注等内容。

1.1 机械制图标准简介

图样是现代机器制造过程中重要的技术文件之一。为了统一图样的画法，提高生产效率，便于技术管理和交流，国家标准局发布了国家标准《技术制图与机械制图》，它对图样的内容、格式、表达方法等都作了统一的规定，绘图时必须严格遵守，这样才能使图样真正成为工程界的共同语言。

国家标准简称"国标"。国标《技术制图》适用于机械、电气、工程建设等各专业领域的制图，在技术内容上具有统一和通用的特点，是通用性和基础性的技术标准；而国标《机械制图》则是专业性技术标准。《技术制图》对《机械制图》具有指导作用。本节仅摘录了《技术制图》标准中的基本规定。

1.1.1 图纸的幅面和格式（GB/T 14689—2008）

1. 图纸幅面尺寸

绘制图样时，应优先采用表 1-1 所规定的基本幅面，必要时也允许采用加长幅面，如图 1-1 所示。加长幅面的尺寸是以某一基本幅面为基础的，即基本幅面的长边尺寸成为其短边尺寸，而基本幅面的短边尺寸成整数倍增加后成为其长边尺寸。例如代号为 A3×3 的加长幅面，其短边尺寸 420，是原 A3 幅面的长边尺寸，而其长边尺寸 891，是由 A3 幅面的短边尺寸 297 乘以 3 后得到的。

表 1-1　基本幅面及周边尺寸

幅面代号	A0	A1	A2	A3	A4
$B \times L$	841×1189	594×841	420×594	297×420	210×297
e	20			10	
c	10			5	
a	25				

2. 图框格式

在图纸上，图框线必须用粗实线绘制。图框格式分留装订边和不留装订边两种，这两种格式的周边尺寸见表 1-1，但同一产品的图样只能采用一种格式。

留装订边的图纸，其图框格式如图 1-2 所示。不留装订边的图纸，其图框格式如

图 1-1　图纸的基本幅面（粗实线）及加长幅面（细实线及虚线）

图 1-2　留有装订边的图框格式

（a）图纸幅面横放；（b）图纸幅面竖放

图 1-3 所示。图纸幅面一般采用 A3 幅面横放或 A4 幅面竖放的形式。加长幅面的周边尺寸按所选用的基本幅面大一号的周边尺寸确定。例如，A3×3 的周边尺寸按 A2 的周边尺寸确定，即 c 为 10（或 e 为 10）。

3. 标题栏（GB/T 10609.1—2008）

1）标题栏的格式

标题栏的格式已由国家标准（GB/T 10609.1—2008）作出规定，如图 1-4（a）所示。学校的制图作业中的标题栏可采用图 1-4（b）所示的简化形式。

图 1-3　不留有装订边的图框格式

(a)图纸幅面横放;(b)图纸幅面竖放

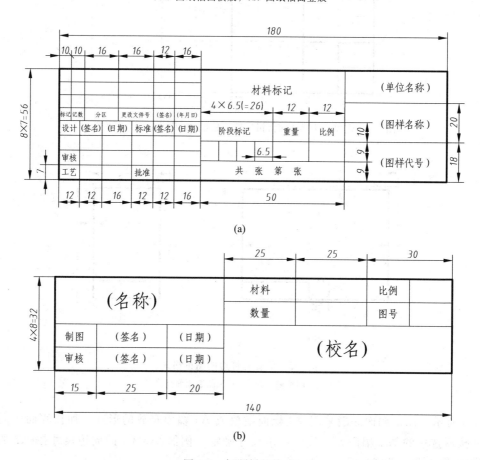

(a)

(b)

图 1-4　标题栏的格式

(a)国家标准规定的格式;(b)学校用的简化格式

2) 标题栏的方位

每张图样都必须画出标题栏,标题栏一般位于图纸的右下角,如图 1-2 和图 1-3 所示,此时看图的方向应与标题栏的方向一致。必要时,标题栏也可位于图纸的右上角(如利用预先印制好的图纸),如图 1-5(a)、(b)所示。此时,看图方向与标题栏的方向不一致,需采用方向符号来标明看图方向。方向符号用细实线绘制的等边三角形表示,其画法如图 1-5(c)所示。

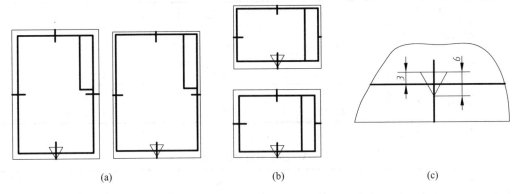

| (a) | (b) | (c) |

图 1-5　对中符号及方向符号

4. 附加符号

1) 对中符号及方向符号

为了使图样复制和缩微摄影时定位方便,可采用对中符号。对中符号是从周边画入图框内约 5 mm 的一段粗实线,如图 1-5(a)所示。当对中符号处在标题栏范围内时则伸入标题栏部分省略不画,如图 1-5(b)所示。方向符号的意义和画法如前述。

2) 剪切符号

为使复制图样时便于自动剪切,可在图纸的四角上分别绘出剪切符号。剪切符号可采用直角边为 10 mm 长的黑色等腰三角形,如图 1-6(a)所示;也可采用两条粗线段表示,如图 1-6(b)所示。

| (a) | (b) |

图 1-6　剪切符号

1.1.2　比例(GB/T 14690—1993)

图样中机件要素的线性尺寸与实际机件相应的线性尺寸之比称为比例。画图时尽可能采用 1:1 的比例,当机件过大或过小时,为便于画图可将它缩小或放大画出。国标规定:绘制图样时应优先选用表 1-2 中规定的比例,必要时可选用表 1-3 中规定的比例。无论采用何种比例,在标注尺寸时均应按机件的实际尺寸标注,如图 1-7 所示。

同一个机件的各个图形一般应采用相同的比例,并填写在标题栏"比例"栏内,如

"1 : 1"或"1 : 2"。若某个图形所用的比例和标题栏内比例不符时,应在该图形上方注明,如图 1-7 所示。

表 1-2　优先采用的比例

种　类	比　例		
原值比例	1 : 1		
放大比例	5 : 1	2 : 1	
	$5 \times 10^n : 1$	$2 \times 10^n : 1$	$1 \times 10^n : 1$
缩小比例	1 : 2	1 : 5	1 : 10
	$1 : 2 \times 10^n$	$1 : 5 \times 10^n$	$1 : 1 \times 10^n$

注:表中 n 为正整数。

表 1-3　必要时可选用的比例

种　类	比　例				
放大比例	4 : 1	2.5 : 1			
	$4 \times 10^n : 1$	$2.5 \times 10^n : 1$	$1 \times 10^n : 1$		
缩小比例	1 : 1.5	1 : 2.5	1 : 3	1 : 4	1 : 6
	$1 : 1.5 \times 10^n$	$1 : 2.5 \times 10^n$	$1 : 3 \times 10^n$	$1 : 4 \times 10^n$	$1 : 6 \times 10^n$

注:表中 n 为正整数。

图 1-7　比例

1.1.3　字体(GB/T 14691—1993)

图样中书写的汉字、数字和字母必须做到"字体端正、笔画清楚、间隔均匀、排列整齐"。字体的号数即字体的高度(用 h 表示,单位为 mm),分别为 1.8,2.5,3.5,5,7,10,14,20 共 8 种。若要书写更大的字,则其字体高度按 $\sqrt{2}$ 的比例递增。

1. 汉字

图样上的汉字应写成长仿宋体,并采用国家正式公布推行的简化字。汉字的字号应不小于 3.5 号(即字高不小于 3.5 mm),其字宽一般为 $h/\sqrt{2}$。

长仿宋体字的特点是:

横平竖直　注意起落　结构均匀　填满方格

　　长仿宋体字基本笔画有横、竖、撇、捺、点、挑、钩、折等，每一笔画要一笔写成，不宜勾描。

2. 字母和数字

　　字母和数字分 A 型和 B 型两种型式。A 型字体的笔画宽度 d 为字高 h 的 1/14，B 型字体的笔画宽度 d 为字高 h 的 1/10。同一图样只能采用一种型式的字体，我们国家一般采用 A 型字体。

　　字母和数字分直体和斜体两种，但在同一图样上只能采用一种书写形式。常用的是斜体，其字头向右倾斜，与水平线成 75°。

　　斜体拉丁字母、阿拉伯数字的字体示例如图 1-8 所示。

图 1-8　斜体字母、数字

1.1.4　图线（GB/T 17450—1998 和 GB/T 4457.4—2002）

　　GB/T 17450—1998《技术制图　图线》规定了适用于各种技术图样的图线的名称、型式、结构、标记及画法规则；GB/T 4457.4—2002《机械制图　图样画法　图线》规定了机械制图中所用图线的一般规则，适用于机械工程图样。

1. 图线的型式及应用

　　各种图线的名称、型式以及在图样上的一般应用示例见表 1-4 和图 1-9。图线分为粗、细两种，粗线的宽度 d 应按图的大小和复杂程度在 0.5～2 mm 之间选择；细线的宽度约为 0.5d。图线宽度的推荐系列为：0.25，0.35，0.5，0.7，1，1.4，2 mm，优先采用

$d=0.5$ mm 或 0.7 mm。

表 1-4　图线及其应用

图线名称	图线型式	图线宽度	图线的一般应用
粗实线	——————	d	可见轮廓线、相贯线等
细实线	——————	$0.5d$	尺寸线和尺寸界线、剖面线、过渡线、重合断面轮廓线、螺纹的牙底线及齿根线、引出线、分界线及范围线、弯折线、辅助线、不连续的同一表面的连线、成规律分布的相同要素的连线等
波浪线	～～～	$0.5d$	断裂处的边界线、视图与剖视图的分界线等
双折线	—／\—／\—	$0.5d$	断裂处的边界线
细虚线	— — — —	$0.5d$	不可见轮廓线、不可见棱边线
粗虚线	▬ ▬ ▬ ▬	d	允许表面处理的表示线
细点画线	—·—·—·—	$0.5d$	轴心线、对称中心线、轨迹线、节圆及节线、分度圆(线)及节圆(线)
粗点画线	▬·▬·▬·▬	d	有特殊要求的线或表面的表示线
细双点画线	—··—··—	$0.5d$	相邻辅助零件的轮廓线、极限位置的轮廓线、坯料的轮廓线或毛坯图中制成品的轮廓线、假想投影轮廓线、试验或工艺结构(成品中不存在)的轮廓线、中断线等

图 1-9　各种图线的应用示例

2. 图线的画法

（1）同一图样中,同类图线的线宽应基本一致。虚线、点画线及双点画线的线段长短和间隔应各自大致相等。

（2）两条平行线（包括剖面线）之间的距离不小于 $2d$,其最小距离不得小于 $0.7\ \text{mm}$。

（3）绘制圆的对称中心线时,应超出圆外 $2\sim5\ \text{mm}$,首末两端应是线段,而不是短画。在较小的图形上绘制点画线或双点画线有困难时,可用细实线代替。

（4）点画线、虚线和其他图线相交时,均应为线段相交。当虚线处于实线的延长线时,粗实线应画到分界点,而虚线应留有间隔。

为保证图形清晰,各种图线相交、相连时的习惯画法如图 1-10 所示。

图 1-10　图线的画法

1.2　尺寸注法（GB/T 4458.4—2003,GB/T 16675.2—1996）

1.2.1　基本规则

（1）机件的真实大小应以图样上所标注的尺寸数值为依据,与图形的大小及绘图的准确度无关。

（2）图样中（包括技术要求和其他说明）的尺寸,以 mm 为单位时,不需标注计量单位的代号或名称,如采用其他单位,则必须注明相应的计量单位的代号或名称,如 $30°$,cm,m 等。

（3）图样中所标注的尺寸,应为该图样所示机件的最后完工尺寸,否则应另加说明。

（4）机件的每一尺寸,一般只标注一次,并应标注在反映该结构最清楚的图形上。

1.2.2　尺寸的组成

一个完整的尺寸应包括尺寸数字、尺寸线（包括尺寸终端）、尺寸界线三个基本要素,如图 1-11 所示。尺寸终端有箭头和斜线两种形式,箭头的画法如图 1-12(a)所示,适用于各种类型的图样;斜线用细实线绘制,其方向和画法如图 1-12(c)所示。在同一张图纸上尺寸终端只能采用同一种形式,当尺寸终端采用斜线形式时,尺寸线必须与尺寸界线垂直。

图 1-11　尺寸的组成

图 1-12　尺寸终端

(a) 箭头正确画法；(b) 箭头错误画法；(c) 斜线画法及标注

国家标准对尺寸标注的方法作出了具体的规定,基本内容摘要如表 1-5 所示。

表 1-5　尺寸标注方法

项目	说　明	图　例
尺寸数字	线性尺寸的数字一般写在尺寸线的上方,也允许注在尺寸线的中断处	
	① 线性尺寸的数字按右图(a)中所示的方向注写,并尽可能避免在图示 30°范围内标注尺寸。当无法避免时,可按图(b)形式标注 ② 在不致引起误解时,非水平方向的尺寸,其数字可水平地标注在尺寸线的中断处(图(c)和图(d))	

项目	说　明	图　例
尺寸数字	标注角度的数字,一律写成水平方向,一般注写在尺寸线的中断处(图(a))。必要时可标注在尺寸线的上方或外侧,也可引出标注(图(b))	 (a)　　　　　　(b)
	尺寸数字不能被任何图线所通过,否则必须将该图线断开	
尺寸线	① 尺寸线必须用细实线单独绘制。标注线性尺寸时,尺寸线必须与所标注的线段平行(图(a)) 　② 不能借用图形中任何图线,也不得与其他图线重合或画在其延长线上,图(b)是错误的注法	 (a)　　错误注法(b)
尺寸界线	① 尺寸界线用细实线绘制,并应由图形的轮廓线、轴心线或对称中心线引出。也可借用图形的轮廓线、轴线或对称中心线作为尺寸界线(图(a)) 　② 尺寸界线一般应与尺寸线相互垂直,并超出尺寸线的终端 2~3 mm 左右,必要时允许倾斜,但两尺寸界线仍互相平行。在光滑过渡处标注尺寸时,必须用细实线将轮廓线延长,并从它们的交点处引出尺寸线(图(b)) 　③ 标注角度的尺寸界线应沿径向引出;标注弦长和弧长的尺寸界线应平行于该弦的垂直平分线(图(c)),当弧度较大时,可沿径向引出尺寸界线	 (a) (b) (c)

表 1-6 列出了常用的尺寸注法,读者对此应注意熟悉掌握。

表 1-6　常用的尺寸注法

直径与半径尺寸注法	图例	
	说明	① 圆或大于半圆的圆弧,应标注直径尺寸,尺寸线通过圆心,以圆周为尺寸界线,尺寸数字前加注直径符号"ϕ",直径尺寸亦可标注在非圆视图上 ② 小于或等于半圆直径的圆弧,应标注半径,尺寸线自圆心引向圆弧,只画一个箭头,数字前加注半径符号"R" ③ 当圆弧的半径过大或在图纸范围内无法标注其圆心位置时,可采用折线形式,若圆心位置不需注明,则尺寸线可只画靠近箭头的一段
小尺寸注法	图例	
	说明	当尺寸界线之间没有足够位置画箭头及写数字时,可按上图形式标注,即把箭头放在外面,指向尺寸界线,尺寸数字可引出写在外面;当连续尺寸无法画箭头时,可用圆点或斜线代替中间省去的箭头
利用符号的注法	图例	
	说明	标注球面的尺寸时,在 Φ 或 R 前加注符号"S";对螺钉的头部、手柄的端部等,在不致引起误解的情况下,可省略符号"S",如图(a)所示;正方形的结构可用图(b)所示形式中的一种标注;标注板状零件厚度时,可在尺寸数字前加注符号"t",如图(c)所示

续表

对称机件的尺寸注法	**图例**
	说明 当对称机件的图形只画一半或略大于一半时,尺寸线应超过对称中心线或断裂处的边界线,此时,仅在尺寸线的一端画出箭头 当图形具有对称中心线时,分布在对称中心线两边的相同结构,可仅标注其中一边的结构尺寸
简化注法	**图例**
	说明 同一图形中,对于尺寸相同的孔、槽圆角等要素,可仅在一个要素上注出其尺寸的数量。均匀分布的成组要素的尺寸按"个数×孔径"、"个数×宽×长"、"个数×槽宽×直径(或槽深)"等方法标注
	图例　(a)　(b)　(c)
	说明 当孔的定位和分布情况在图中已明确时,可不标注其角度,并省略"EQS"(均布),如图(a)所示;间隔相等的链式尺寸,可采用注一个间距,其余的可用"间距数量×间距(角度)(=距离)",如图(b)及图(c)

1.3　绘图工具简介

正确地使用和维护绘图工具,是提高图面质量和绘图速度,延长绘图工具使用寿命的重要因素。普通绘图工具有图板、丁字尺、三角板、比例尺和绘图仪器等。

1.3.1　图板

图板供铺放图纸用,其工作表面应平坦,左右两导边应平直,图纸可用胶带纸固定在图板上,如图 1-13 所示,图板应注意防止潮湿和暴晒。

1.3.2　丁字尺

丁字尺由尺头和尺身组成,如图 1-13 所示。尺头和尺身的结合处必须牢固,尺头内侧边及尺身工作边必须平直。使用时,左手扶住尺头,使内侧边靠紧图板的导边(不能用其余三边),使尺身的工作边处于良好的位置。

图 1-13　图板和丁字尺

丁字尺主要用来画水平线,上下移动的手势如图 1-14 所示。画较长的水平线时,可把左手移过来按住尺身,如图 1-15 所示。用完后应将丁字尺挂于干燥的墙壁上,以防尺身弯曲变形。

图 1-14　上下移动丁字尺及画水平线的手势

图 1-15　左右移动丁字尺画水平线

1.3.3　三角板

一副三角板有 45°和 30°-60°组成的直角板各一块,画图时其规格最好不小于 30 cm。将三角板和丁字尺配合使用,可画垂直线及 $n×15°$的各种倾斜线,如图 1-16 所示。注意,三角板和丁字尺要经常用细布擦拭干净,以保证图面整洁。

1.3.4　曲线板和模板

1. 曲线板

曲线板是描绘非圆曲线的常用工具,描绘曲线时,至少选 4 个已知点与曲线板上的曲线重合,如图 1-17 所示。

2. 模板

模板是快速绘图工具之一,可用于绘制常用的图形、符号、字体等。目前常见的模板有椭圆模板、六角头模板、几何制图模板、字格符号模板等,如图 1-18 所示。绘图时,笔尖应紧靠模板,使画出的图形整齐、光滑。

(a)

(b)

图 1-16　用三角板配合丁字尺画垂直线和各种倾斜线

(a) 画垂直线；(b) 画倾斜线

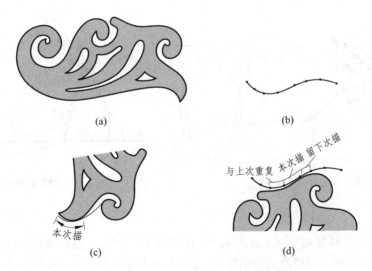

(a)　　　　　　　　　　　　　　(b)

(c)　　　　　　　　　　　　　　(d)

图 1-17　曲线板及其用法

(a) 曲线板；(b) 求出各点后徒手勾描曲线；(c) 选择合适部分描绘；

(d) 前一段重复上次，最后一段留给下次

图 1-18　模板

1.3.5　绘图仪器

盒装绘图仪器种类很多,有 3 件、5 件、7 件、……,其中常用的有分规和圆规。

1. 分规

分规是用来等分线段、移置线段及从尺上量取尺寸的工具。分规腿部有钢针,合拢时,两针尖应合为一点,如图 1-19(a)所示。用分规量取尺寸时,应先张开至大于被量尺寸距离,如图 1-19(b)所示;再逐步压缩至被量尺寸大小,同时应把针尖插入尺面,以保持尺面刻度的清晰和准确,如图 1-19(c)所示。用分规等分线段时,应先试分几次,方可完成,如图 1-20 所示。

(a)　　　　　(b)　　　　　　(c)

图 1-19　分规的使用　　　　　　　图 1-20　用分规等分线段

2. 圆规

圆规是画圆或圆弧的工具,有大圆规、弹簧规和点圆规三种,如图 1-21 所示。大圆规的一腿为带有两个尖端的定心钢针,一端是画圆时定心用,另一端作分规用;另一腿可装铅笔插腿或鸭嘴插腿,也可换成钢针插腿当分规用。画图时,应尽量使定心针尖和笔尖同时垂直纸面,定心针尖要比铅芯稍长些。当画较大圆时可接上延长杆,如图 1-22所示。

图 1-21 圆规

图 1-22 圆规的使用

1.3.6 铅笔

铅笔笔芯的软硬用 B 和 H 表示,B 越多表示铅芯越软(黑);H 越多则越硬(浅)。根据不同的使用要求,应备有以下几种硬度不同的铅笔:B 或 HB 宜用于画粗实线,HB 或 H 用于画虚线;H 或 2H 则用于画细实线。画粗实线的铅笔芯应磨成四棱柱(扁铲)状,其余可磨成锥状,如图 1-23 所示。

图 1-23 铅笔磨削方式

1.4　徒手图的绘制

徒手图是指不借助于绘图工具,目测物体的形状及大小,徒手绘制的图样。在机器测绘、讨论设计方案、技术交流或现场参观时,由于受现场条件和时间的限制,常常需要绘制草图,即徒手图。这些草图大多数需经整理成仪器图,但有时也会直接送交生产,故工程技术人员不仅要会画仪器图,也应具备徒手画图的能力。

画徒手图的要求:①投影正确,图线清晰;②目测尺寸要准确,各部分比例匀称;③绘图速度要快;④标注尺寸无误,字体工整。

画徒手图最适宜用中软铅笔,如 HB,B 或 2B,铅芯应磨成圆锥形,铅笔应自然地握在手中。另外要画好徒手图,还必须掌握徒手绘制各种线条的基本手法。

1. 握笔的方法

手握笔的位置要比仪器绘图时高些,从而便于运笔和观察目标。笔杆与纸面成 $45°\sim60°$,执笔要稳而有力。

2. 直线的画法

徒手画直线时,手腕不应转动,而应靠着纸面,沿着画线方向移动,以保证所画图线平直,眼睛要注意终点方向以便于控制直线。较短线要力求一笔画成,较长线也可分成稍有重叠的几笔进行。

画水平线应自左向右运笔,短线用手腕动作,长线用前臂动作。为方便起见,可将图纸稍倾斜放置。画垂直线应自上向下靠手指动作。画斜线可转动图纸,使它与水平线的方向一致,这样方便一些。画水平线、垂直线、倾斜线的手势如图 1-24 所示。

(a)　　　　　　　　　　　(b)　　　　　　　　　　　(c)

图 1-24　徒手画直线

(a)画水平线;(b)画垂直线;(c)画倾斜线

3. 圆和椭圆的画法

画小圆时,先定圆心,画中心线,再按半径大小用目测在中心线上定出 4 个点,然后过这 4 个点画圆,如图 1-25(a)和(b)所示。

画较大圆时,可增加两条 45°的斜线,在斜线上再定出 4 个点,然后画圆,如图 1-25(c)

和(d)所示。

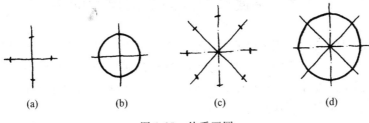

图 1-25 徒手画圆

画椭圆时,先根据长、短轴定出 4 个点,然后过这 4 个点作矩形,最后画与矩形相切的椭圆,如图 1-26(a)所示。也可按图 1-26(b)所示的先画椭圆的外切菱形,然后再作椭圆。

图 1-26 徒手画椭圆

4. 角度的画法

30°,45°,60°为几种常见的角度,徒手画这些角度时,可根据两直角边边长的近似比例关系定出两端点,然后连成斜线,如图 1-27 所示。

图 1-27 角度斜线的画法

对于初学者来说,为便于控制图形大小、比例和图线的平直及各图形间的关系,可先在方格纸上画图。画图时,圆的中心线或其他直线尽可能利用方格纸上的线条,大小也可用方格纸的读数来控制。但经过一段时间的练习后,必须要脱离方格纸,在白纸上画出所需的比例匀称、图线清晰的徒手图。

1.5　平面图形的画法及尺寸标注

　　绘制工程图样,其中一项重要的工作是画出一组表示机件形状的平面图形并标注出确定其大小的尺寸,所以这一节主要介绍平面图形的画法和尺寸标注。虽然机件的形状各有不同,但都是由各种几何形体组合而成的,它们的图形也不外乎是由一些几何图形组成的,所以本节还介绍一些基本的几何作图。

1.5.1　几何作图

1. 圆周的等分和正多边形

1) 六等分圆周和正六边形(图 1-28)

　　六等分一圆周可以用圆的半径作图,如图 1-28(a)所示,此时作正六边形只要依次连接六个等分点即可。另外也可用三角板和丁字尺配合,如图 1-28(b)所示,作圆的内接正六边形和外切正六边形。所以画正六边形只要给出外接圆的直径或两对边距离(即内切圆的直径)的尺寸即可。

(a)　　　　　　　　　　　　　　　　　　(b)

图 1-28　六等分圆周和作正六边形

(a) 用圆规作图；(b) 用三角板和丁字尺作图

2) 五等分圆周和正五边形

　　五等分一圆周可按下述方法进行,如图 1-29 所示：①作半径 OB 的中垂线得 P；②以 P 为圆心, PC 为半径画弧交 AB 于 H；③从 C 点起以 CH 为半径,将圆周等分,即可得 5 个等分点,依次连接即得正五边形。

2. 斜度和锥度

1) 斜度

　　斜度是指一直线(或平面)对另一直线(或平面)的倾斜程度,其大小用两直线(或平面)间夹角的正切来表示,

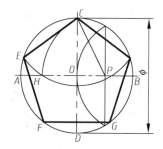

图 1-29　五等分圆周和作正五边形

并将比值化为 $1:n$ 的形式,如图 1-30(a)所示。过已知点作斜度的画图步骤如图 1-30(b)所示。标注斜度时,符号方向应与斜度的方向一致,如图 1-30(c)所示。斜度符号的画法如图 1-30(d)所示。

图 1-30　斜度的定义、画法、标注和符号

(a) 定义；(b) 画法；(c) 标注；(d) 符号

2) 锥度

锥度是指正圆锥底圆直径与锥高之比。对于圆台,则锥度应为两底圆直径之差与高度之比,如图 1-31(a)所示,也将锥度化为 $1:n$ 的形式。过已知点作锥度的画图步骤如图 1-31(b)所示；标注锥度时,符号方向应与锥度的方向一致,如图 1-31(c)所示；锥度符号的画法如图 1-31(d)所示。

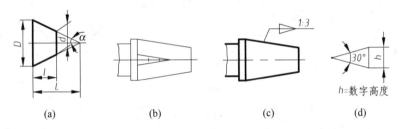

图 1-31　锥度的定义、画法、标注和符号

(a) 定义；(b) 画法；(c) 标注；(d) 符号

3. 圆弧连接

在绘制平面图形时,常常会遇到从一线段(直线或圆弧)光滑地过渡到另一线段的情况。这种用一已知半径的圆弧光滑连接另外两线段的方法即为圆弧连接。要使连接光滑,就必须使线段与线段在连接处相切。因此,画圆弧连接的关键是求出连接圆弧的圆心和找出连接点(即切点)的位置。下面分别介绍三种形式的圆弧连接的画法。

1) 用圆弧连接两已知直线

与已知直线相切的圆弧,其圆心轨迹是一条与已知直线平行且距离为圆弧半径 R 的直线,切点则是自圆心向两已知直线所作垂线的垂足。图 1-32 所示的即为用半径为 R 的圆弧连接两已知直线的作图方法。

2) 用圆弧连接两已知圆弧

与已知圆弧相切的圆弧,其圆心轨迹为已知圆弧的同心圆,该圆的半径依据相切的情况,可分为：①与已知圆弧相外切时,为两圆半径之和；②与已知圆弧相内切时,为两圆半径之差。

两圆相切的切点在两圆的连心线(或其延长线)与已知圆弧的交点处。

用圆弧连接两已知圆弧的画法如图 1-33 所示。

图 1-32 用圆弧连接两已知直线

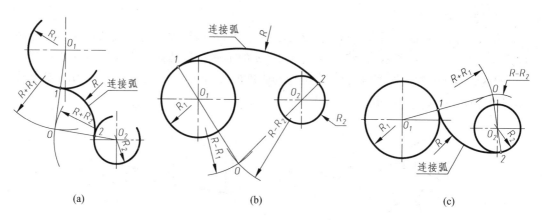

图 1-33 用圆弧连接两已知圆弧

(a)外切画法；(b)内切画法；(c)内、外切画法

3)用圆弧连接一已知直线和一已知圆弧

用圆弧连接一已知直线和一已知圆弧即为以上两种情况的综合。图 1-34 所示为用圆弧外切一已知圆弧和一直线的画法,至于用圆弧内切一已知圆弧和一直线的画法与此相仿,这里就不赘述了。

4. 平面曲线

1)椭圆曲线

一动点到两定点(焦点)的距离之和为一常数(恒等于椭圆的长轴),则该动点的轨迹为椭圆曲线。已知长、短轴画椭圆曲线有以下三种方法。

(1)焦点法。用焦点法作椭圆曲线的画图步骤如图 1-35 所示:①以 C 为圆心,以 OA 为半径画弧交 AB 于 F_1,F_2(焦点);②在 F_1,F_2 内任取点 E_1,以 F_1 为圆心,AE_1 为半径画弧;③以 F_2 为圆心,BE 为半径画弧,则两圆弧交点即为椭圆上的点。

用上述方法求出一系列点后,再用曲线板圆滑相连便得椭圆曲线。

(2)同心圆法。用同心圆法作椭圆的画图步骤如图 1-36 所示:①分别以短轴和长轴为直径画一小圆和一大圆;②过 O 点任作射线 OE,交大圆于 E,交小圆于 F;③过 E 作平行于短轴的直线,过 F 作平行于长轴的直线,两直线的交点 P 即为椭圆上的点。

图 1-34 用圆弧连接已知直线和已知圆弧

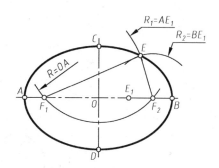

图 1-35 焦点法作椭圆曲线

用上述方法求出一系列点后,再用曲线板圆滑相连便得椭圆曲线。

（3）四心扁圆法。画图时,常用四心扁圆代替椭圆曲线,但这种画法与以上两种画法不同的是,它只能用于表示椭圆的形状,却不可作为制造椭圆的依据。其画法如图 1-37 所示:①连接 AC,取 $CP=OA-OC$;②作 AP 的垂直平分线,交两轴于 O_3,O_1 点,并分别取对称点 O_4,O_2;③分别以 O_1,O_2 为圆心,O_1C 为半径画长弧交 O_1O_3,O_1O_4 的延长线于 E,F,交 O_2O_4,O_2O_3 的延长线于 G,H,则 E,F,G,H 为连接点;④分别以 O_3,O_4 为圆心,O_4G 为半径画短弧,与前面所画长弧连接,即近似地得到所求的椭圆曲线。

图 1-36 同心圆法作椭圆

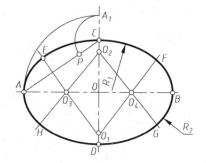

图 1-37 四心扁圆法作椭圆

2）圆的渐开线

一直线在圆周上作无滑动的滚动,则该直线上一点的轨迹即为这个圆的渐开线,该圆称为渐开线的基圆。渐开线的画法如图 1-38 所示。

将基圆圆周分成若干等分（图中分为 12 等分）,并把它的展开长度（πD）也分成相同的等分;过基圆上各等分点向同一方向作基圆的切线,并依次截取 $\pi D/12$,$2\pi D/12$,$3\pi D/12$,……,得 A,B,C,D 等点;将这些点用曲线板光滑连接即得圆的渐开线。

1.5.2 平面图形的画法

为了掌握平面图形的正确作图方法和步骤,我们先对平面图形的尺寸和线段进行分析。

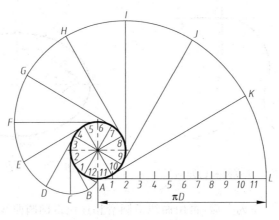

图 1-38　圆的渐开线的画法

1. 平面图形的尺寸分析

尺寸按其在平面图形中的作用,可分为定形尺寸和定位尺寸两类。如要想确定平面图形中线段的上下、左右的相对位置,则必须引入基准的概念。

1) 基准

标注尺寸的起点称为基准,平面图形中常用的基准有图形的对称线、大圆的中心线、重要的轮廓线等。如图 1-39 中,已知圆 $\phi39$ 的两条中心线分别是水平方向和垂直方向尺寸的尺寸基准。

图 1-39　平面图形的尺寸分析

2）定形尺寸

确定平面图形上线段形状大小的尺寸称为定形尺寸。如线段的长度、圆弧直径或半径、角度的大小等。图 1-39 中的长度尺寸 31，圆的直径 $\phi47$，$\phi39$，$\phi21$，圆弧半径 $R193$，$R34$，角度尺寸 60°等都是定形尺寸。

3）定位尺寸

确定平面图形上线段间或图框间相对位置的尺寸称为定位尺寸。在图 1-39 中，以 $\phi39$ 圆的水平中心线为基准确定 $\phi21$ 的圆及 $R29$，$R56$ 的圆弧的圆心位置的尺寸 35，23，29，以 $\phi39$ 圆的垂直中心线为基准确定最左边方框位置的尺寸 180，以 $\phi39$ 圆心为基准确定 $\phi21$ 圆心位置的尺寸 $R56$ 均为定位尺寸。

2. 平面图形的线段分析

平面图形中各线段根据所标注的尺寸可分为：

（1）已知线段。定形、定位尺寸齐全的线段称为已知线段。如图 1-40 中的 $\phi5$ 的圆，$R10$，$R15$ 的圆弧都是已知线段。画图时，可根据其定形、定位尺寸直接画出。

图 1-40　平面图形的线段分析

（2）中间线段。有定形尺寸但只有一个方向定位尺寸的线段称为中间线段，如图 1-40 中的 $R50$ 的圆弧。它是介于已知线段与连接线段之间的线段。画中间线段时应根据与相邻线段的连接关系画出。如画 $R50$ 的圆弧时，可根据其与 $R10$ 的圆弧相内切，且有一个定位尺寸 $\phi32$，求出其圆心、切点，从而作出该段圆弧。

（3）连接线段。只有定形尺寸而无定位尺寸的线段称为连接线段，如图 1-40 中的 $R12$ 圆弧。画连接线段时，需根据与其相邻两线段的连接关系，用几何作图的方法画出。如画 $R12$ 圆弧时，可根据其与 $R15$ 及 $R50$ 的两圆弧相外切的几何关系，求出其圆心、切点，从而作出该段圆弧。

注意：在两条已知线段之间，可以有多条中间线段，但必须有且只能有一条连接线段。

3. 平面图形的画图步骤（图 1-41）

4. 平面图形的尺寸标注

标注尺寸的基本步骤为：①分析图形各部分的构成，确定基准；②标注出定形尺寸；③标注出定位尺寸。平面图形尺寸标注示例如图 1-42 所示。

图 1-41　平面图形的画图步骤

(a) 定基准线；(b) 画已知线段；(c) 画中间线段；(d) 画连接线段及加深图形

图 1-42　平面图形的尺寸标注

第 2 章　正投影法基础

本章主要介绍：投影法的基本知识；点、线面的投影；几何元素的相对位置关系；直角投影定理等内容。

2.1　投影法的基本知识

日常生活中常见到物体在阳光或灯光的照射下，会在地面或桌面上产生影子，这个影子在某些方面反映了物体的形状特征，这就是投影现象。投影法就是通过对投影现象进行科学的抽象和改造而创造出来的。

2.1.1　投影法的概念

如图 2-1 所示，S 为投射中心，平面 P 为投影面，光线为投射线，在投影面上得到的物体的图形称为该物体的投影。投射线通过物体向选定的面投射，并在该面上得到图形的方法称为投影法。

图 2-1　中心投影法

2.1.2　投影法的分类

根据投射线的相互位置关系，投影法可分为两类：

（1）中心投影法。如图 2-1 所示，所有的投射线汇交于一点的投影法（投射中心位于有限远处）称为中心投影法。中心投影法通常用来绘制建筑物或产品的立体图，也称为透视图。透视图立体感较强，但其作图复杂，度量性较差。

（2）平行投影法。如图 2-2 所示，投射线相互平行的投影法（投射中心位于无限远处）称为平行投影法。

(a)

(b)

图 2-2　平行投影法

（a）斜投影法；（b）正投影法

平行投影法根据投射线与投影面的相对位置又可分为斜投影法和正投影法。

（1）斜投影法：投射线与投影面相互倾斜的平行投影法，如图 2-2(a)所示。根据斜投影法所得到的图形称为斜投影。斜投影法在工程上用得较少，有时用来绘制轴测图。

（2）正投影法：投射线与投影面相互垂直的平行投影法，如图 2-2(b)所示，根据正投影法所得到的图形称为正投影。正投影法能真实地反映物体的形状和大小，度量性好，作图简便，因此它是绘制机械图样的主要方法。

2.1.3　正投影法的基本性质

1. 真实性

当直线段或平面平行于投影面时，其投影反映线段的实长或平面的实形，这种性质称为真实性，如图 2-3 所示。

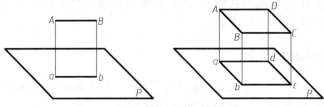

图 2-3　直线和平面投影的真实性

2. 积聚性

当直线段或平面垂直于投影面时，其投影积聚为一点或一条直线，这种性质称为积聚性，如图 2-4 所示。

图 2-4　直线和平面投影的积聚性

3. 类似性

当直线段或平面倾斜于投影面时，其投影的直线段变短，平面的投影形状与空间形状相类似，即平面投影的多边形的边数保持不变，这种性质称为类似性，如图 2-5 所示。

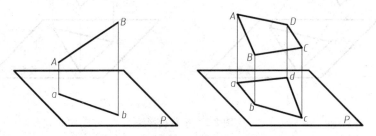

图 2-5　直线和平面投影的类似性

2.2　点 的 投 影

2.2.1　三投影面体系

三投影面体系由三个相互垂直的投影面所组成,如图 2-6 所示。三个投影面分别为:正立投影面(简称正面),用 V 表示;水平投影面(简称水平面),用 H 表示;侧立投影面(简称侧面),用 W 表示。三个投影面将空间分为八个分角,本书着重讲述第一分角中的物体的投影。

图 2-6　三投影面体系

相互垂直的投影面之间的交线,称为投影轴,它们分别是 OX 轴(简称 X 轴),即 V 面与 H 面的交线,代表了长度方向或左、右方向;OY 轴(简称 Y 轴),即 H 面与 W 面的交线,代表了宽度方向或前、后方向;OZ 轴(简称 Z 轴),即 V 面与 W 面的交线,代表了高度方向或上、下方向。三根投影轴的交点 O 称为原点。

2.2.2　点的三面投影

点是组成立体的最基本的几何元素,所以在介绍立体的投影之前,首先介绍点的投影。

如图 2-7(a)所示,将空间点 A 置于三投影面体系中,过 A 点分别向三个投影面作垂线,得垂足 a,a' 和 a'',即得 A 点在三个投影面上的投影,分别称为水平投影、正面投影和侧面投影。

为了能在同一张图纸上画出三个投影,需将三个投影面展开到同一平面上,其展开方法如图 2-7(b)所示:V 面保持不动,H 面绕 OX 轴向下旋转 $90°$,W 面绕 OZ 向后旋转 $90°$,这样三个投影面便在同一平面上了,便可得到如图 2-7(c)所示的 A 点的三面投影图。图中 a_x,a_y,a_z 分别为点的投影连线与投影轴的交点。

(a)

(b)

(c)

图 2-7　点的三面投影

2.2.3　点的投影规律

由上述点 A 的三面投影的形成可知,点在三投影面体系中具有如下投影规律:

(1) 点的两面投影的连线必定垂直于相应的投影轴,即 $aa'\perp OX,a'a''\perp OZ$。

(2) 点的水平投影到 OX 轴距离等于点的侧面投影到 OZ 轴的距离,即 $aa_x=a''a_z$。

根据点的投影规律,可以建立空间点和该点三面投影之间的联系。当点的空间位置确定时,可以求出它的三面投影;反之,当点的三面投影已知时,点的空间位置也随之确定。

2.2.4　点的投影与坐标

如果将投影面看成坐标平面,则投影轴为坐标轴,原点 O 为坐标原点,三投影面体系便是空间直角坐标系。直角坐标 X_A,Y_A,Z_A 表示空间点 A 到三个投影面的距离,由图 2-8(a)可知:

$$X_A(Oa_x)=a'a_z=aa_y=Aa''(点\ A\ 到\ W\ 面的距离)$$

$$Y_A(Oa_y)=a''a_z=aa_x=Aa'(点\ A\ 到\ V\ 面的距离)$$

$$Z_A(Oa_z)=a'a_x=a''a_y=Aa\ (点\ A\ 到\ H\ 面的距离)$$

由图 2-8(b)可知,点的任意两面投影都包含了点的三个坐标,也就确定了点在空间的位置,因此已知点的任意两面投影,便可根据点的投影规律作出第三面投影。

(a)　　　　　　　　　　　(b)

图 2-8　点的投影规律

【例 2-1】　已知点 $A(20,10,20,)$ 求作其三面投影。

作图:如图 2-9 所示。

(1) 以适当长度作水平线和垂直线得坐标轴 OX,OY,OZ 和原点 O;

(2) 自坐标原点 O 向左沿 X 轴量取 20 mm,得 a_x;

(3) 过 a_x 作垂直于 X 轴的投影线,自 a_x 向上量取 20 mm,得 A 点的正面投影 a',自 a_x 向下量取 10 mm,得 A 点的水平投影 a;

(4) 利用 a,a' 作出 A 点的侧面投影 a''。

图 2-9　由点的坐标求作三面投影图

2.2.5　两点的相对位置

1. 两点相对位置的确定

已知点的投影图,便可根据点的坐标判别空间两点的相对位置。左右关系由 X 坐标确定,X 大者在左;前后关系由 Y 坐标确定,Y 大者在前;上下关系由 Z 坐标确定,Z 大者在上。如图 2-10 所示,因为 $X_A < X_B$、$Y_A > Y_B$、$Z_A > Z_B$,所以点 A 在点 B 的右、前、上方。

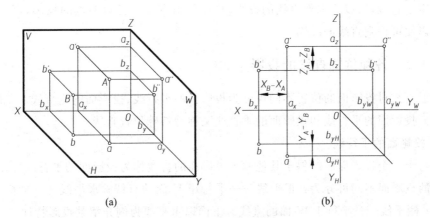

　　　　　　　(a)　　　　　　　　　　　　　　　　(b)

图 2-10　两点的相对位置

2. 重影点及其可见性判定

当空间两点的连线垂直于某个投影面时,它们在该投影面上的投影必然重合,该两点称为对该投影面的重影点。两点重影,有可见与不可见之分,相应坐标值大的可见,小的不可见。当需要标明可见性时,对不可见点的投影加上括号。如图 2-11 所示,A、B 两点是对 H 面的重影点。因为 $Z_A > Z_B$,所以 A 点的水平投影可见,B 点的水平投影不可见,水平投影表示为 $a(b)$。同理,若一点在另一点的正前方或正后方,则该两点是对 V 面的重影点;若一点在另一点的正左方或正右方,则该两点是对 W 面的重影点。其可见性分别为上遮下,前遮后,左遮右。

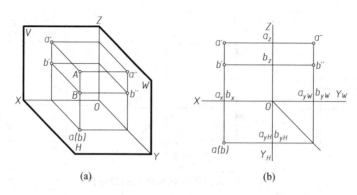

图 2-11　重影点

2.3　直线的投影

2.3.1　直线在三投影面体系中的投影

一般情况下,直线的投影仍为直线,特殊情况下为点。由几何知识可知,空间任意两点可确定一直线,所以要求作直线的投影,只需作出直线上任意两点的投影,再连接点的同面投影便可得到直线的投影。

2.3.2　各种位置直线的投影

根据直线对投影面的位置不同可分为投影面的平行线、投影面的垂直线、一般位置直线三类。投影面的平行线和投影面的垂直线又称为特殊位置直线。

1. 投影面的平行线

平行于一个投影面而倾斜于其他两个投影面的直线称为投影面的平行线。根据直线所平行的投影面不同可分为：正平线——平行于 V 面的直线；水平线——平行于 H 面的直线；侧平线——平行于 W 面的直线。下面以水平线为例介绍其投影特性。

由定义可知,水平线 AB 平行于 H 面,而倾斜于 V 面和 W 面,所以直线 AB 上所有点到 H 面的距离相等,即各点的 Z 坐标相等,所以其投影图有如下特性。

（1）水平投影 ab 反映实长,即 $AB=ab$,同时还反映了直线 AB 与 V 面、W 面的夹角 β,γ。

（2）正面投影为缩短的直线,且平行于 OX 轴,即 $a'b'<AB$, $a'b'/\!/OX$。

（3）侧面投影为缩短的直线,且平行于 OY 轴,即 $a''b''<AB$, $a''b''/\!/OY$。

对于正平线和侧平线,可同样分析得到如表 2-1 所示的投影特性。

表 2-1　投影面平行线的投影特性

名称	正平线(∥V 面，∠H、W 面)	水平线(∥H 面，∠V、W 面)	侧平线(∥W 面，∠H、V 面)
立体图			
投影图			
投影特性	① $a'b'=AB$。 ② $ab\mathbin{/\mkern-5mu/}OX$，$a''b''\mathbin{/\mkern-5mu/}OZ$，且小于 AB。 ③ $a'b'$ 与 OX 的夹角 α，与 OZ 的夹角 γ 分别为 AB 与 H 面、W 面的倾角。	① $ab=AB$。 ② $a'b'\mathbin{/\mkern-5mu/}OX$，$a''b''\mathbin{/\mkern-5mu/}OY$，且小于 AB。 ③ ab 与 OX 的夹角 β，与 OY 的夹角 γ 分别为 AB 与 V 面、W 面的倾角。	① $a''b''=AB$。 ② $ab\mathbin{/\mkern-5mu/}OY$，$a'b'\mathbin{/\mkern-5mu/}OZ$，且小于 AB。 ③ $a''b''$ 与 OY 的夹角 α，与 OZ 的夹角 β 分别为 AB 与 H 面、V 面的倾角。
	① 在所平行的投影面上的投影反映实长，与投影轴的夹角反映直线对其他两个投影面的真实倾角。 ② 另外两个投影面上的投影分别平行于相应的投影轴，且小于实长。		
应用举例			

2. 投影面的垂直线

垂直于一个投影面必平行于其他两个投影面的直线称为投影面的垂直线。根据直线所垂直的投影面不同可分为：正垂线——垂直于 V 面的直线；铅垂线——垂直于 H 面的直线；侧垂线——垂直于 W 面的直线。下面以铅垂线为例介绍投影面垂直线的投影特性。由定义可知，铅垂线 AB 垂直于 H 面，平行于 V 面和 W 面，根据正投影的积聚性和真实性，可得其投影图有如下投影特性：①水平投影 ab 积聚为一点；②$a'b'=AB$，$a''b''=AB$，且 $a'b'\perp OX$，$a''b''\perp OY$。

各种投影面的垂直线的投影特性如表 2-2 所示。

表 2-2　投影面垂直线的投影特性

名称	正垂线(⊥V 面, //H, W 面)	铅垂线(⊥H 面, //V, W 面)	侧垂线(⊥W 面, //H, V 面)
立体图			
投影图			
投影特性	① a'b'积聚为一点。 ② ab⊥OX, a"b"⊥OZ,且反映实长。	① ab 积聚为一点。 ② a'b'⊥OX, a"b"⊥OY,且反映实长。	① b"a"积聚为一点。 ② ab⊥OY, a'b'⊥OZ,且反映实长。
	① 在所垂直的投影面上的投影积聚为一点。 ② 另外两个投影面上的投影分别垂直于相应的投影轴,且反映实长。		
应用举例			

3. 一般位置直线

对三个投影面均倾斜的直线称为一般位置直线。其投影特性是在三个投影面上的投影均为缩短的直线,且倾斜于相应的投影轴,如图 2-12 所示。

2.3.3　直线上的点

如图 2-12 所示,点 K 在直线 AB 上。直线上的点具有如下基本特性。

(1) 从属性。点在直线上,点的投影必在直线的同面投影上,即 k 在 ab 上,k' 在 $a'b'$ 上,k'' 在 $a''b''$ 上。

(2) 定比性。直线上的点分直线之比,投影后不变,即 $AK:KB = ak:kb = a'k':$

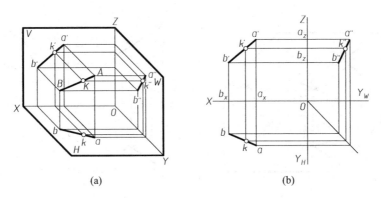

图 2-12　一般位置直线的投影特性

$k'b' = a''k'' : k''b''$。

2.3.4　两直线的相对位置

空间两直线的相对位置有三种：平行、相交和交叉。

1. 两直线平行

空间平行两直线的同面投影必定相互平行。如图 2-13 所示，因为 $AB /\!/ CD$，所以 $ab /\!/ cd$，$a'b' /\!/ c'd'$，$a''b'' /\!/ c''d''$。反之，如果两直线的各组同面投影均相互平行，则两直线在空间必相互平行。

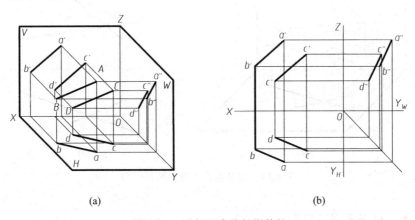

图 2-13　平行两直线投影特性

2. 两直线相交

空间两直线相交，则其同面投影必相交，且交点符合点的投影规律。如图 2-14 所示，因为 AB 与 CD 相交于 K，所以 ab 与 cd，$a'b'$ 与 $c'd'$，$a''b''$ 与 $c''d''$ 必定相交于 k，k' 和 k''，且 K 点的三面投影 k，k' 及 k'' 符合点的投影规律。反之，若两直线的各组同面投影均相交，且投影的交点符合空间一点的投影规律，则两直线在空间必相交。

3. 两直线交叉

既不平行也不相交的两直线称为交叉直线。交叉两直线的投影可能会相交，但它们

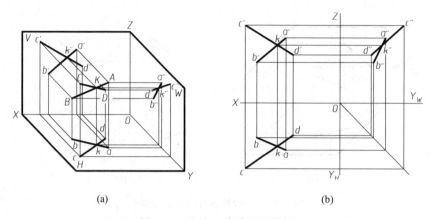

图 2-14　相交两直线投影特性

的交点一定不符合点的投影规律。如图 2-15 所示,*ab* 和 *cd* 的交点实际上是 *AB*、*CD* 对 *H* 面的重影点 *I*、*II* 的投影,由于 *I* 在 *II* 之上,所以 *1* 可见,*2* 不可见。同理,*a′b′* 和 *c′d′* 的交点实际上是 *AB*,*CD* 对 *V* 面的重影点 *III*、*IV* 的投影,由于 *III* 在 *IV* 之前,所以 *3′* 可见, *4′* 不可见。另外,交叉两直线也有可能有一组或两组同面投影平行,但其余投影必不平行,如图 2-16 所示。

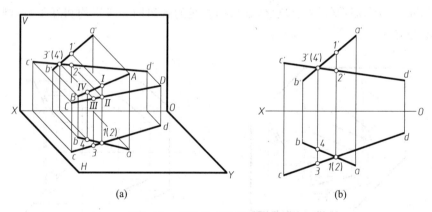

图 2-15　交叉两直线投影特性(一)

2.3.5　直角投影定理

空间两直线相互垂直(相交或交叉)时,相对于投影面的位置有三种情况。

(1) 两直线都平行于某一投影面,则在该投影面上的投影必为直角。

(2) 两直线都倾斜于某一投影面,则在该投影面上的投影不反映直角。

(3) 一边平行于某一投影面,而另一边倾斜于该投影面,则在该投影面上的投影仍为直角——直角投影定理。

以一边平行于水平投影面的直角为例,证明如下。

如图 2-17(a)所示,已知直线 *AB*∥*H* 面,*AB*⊥*BC*,求证 *ab*⊥*bc*。

证明:因为 *AB*∥*H* 面,*Bb*⊥*H* 面,所以 *AB*⊥*Bb*;又 *AB*⊥*BC*,所以 *AB*⊥平面

$BbcC$；因为 $ab /\!/ AB$，所以 $ab \perp$ 平面 $BbcC$，于是 $ab \perp bc$，即 $\angle abc$ 是直角。投影图如图 2-17(b)所示。

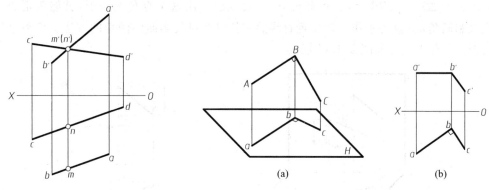

图 2-16　交叉两直线投影特性(二)　　　　图 2-17　直角投影定理

直角投影定理的逆定理仍然成立，即如果两直线的某一投影垂直，其中有一直线是该投影面的平行线，那么空间两直线垂直。

【例 2-2】　求两直线 AB，CD 之间的距离(图 2-18(a))。

分析：要求两直线之间的距离，必须先求出两直线的公垂线。由于 AB 是铅垂线，而与铅垂线垂直的直线是水平线，所以公垂线 EF 是一条水平线，如图 2-18(b)所示，所以由直角投影定理可得 $ef \perp cd$。

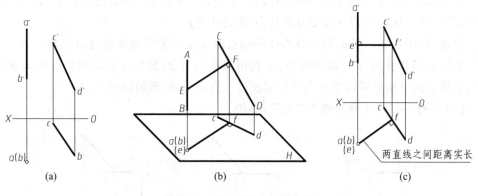

图 2-18　求两直线之间的距离

作图：

(1) 过 $a(b)$（即 e）向 cd 作垂线，垂足为 f，求出 f'；

(2) 过 f' 作 $e'f' /\!/ OX$，与 $a'b'$ 交于 e'，则 $e'f'$，ef 即为公垂线 EF 的两面投影，ef 即为两直线之间的距离，如图 2-18(c)所示。

2.3.6　直角三角形法

一般位置直线的三面投影均不反映直线的实长以及该直线与投影面的倾角，用直角三角形法可以求出一般位置直线的实长及其与投影面的倾角。

如图 2-19(a)所示，AB 为一般位置直线，在平面 $BbaA$ 内过点 B 作 H 面投影 ba 的平行线交 Aa 于 A_0，该直角三角形的一条直角边 $BA_0 = ba$，另一直角边 $AA_0 = Aa - Bb = Z_A - Z_B = \Delta Z$，$\angle ABA_0 = \alpha$。由此可见，只要设法作出这个直角三角形，就能确定 AB 的实长和倾角 α。这种求作一般位置直线的实长以及对投影面的倾角的方法就称为直角三角形法。作图过程如图 2-19(b)所示。

图 2-19　直角三角形法

方法一：以 ba 为直角边，过 a 作 ba 的垂线，在垂线上量取 $aA_0 = Z_A - Z_B$，直角三角形的斜边 bA_0 就是直线 AB 的实长，bA_0 与 ba 的夹角 α 就是 AB 与 H 面的倾角 α。

方法二：过 b' 作平行于 X 轴的直线交 aa' 于 a_0'，使 $a_0'B_0 = ba$，连接 $a'B_0$，即为 AB 的实长，$a'B_0$ 与 $a_0'B_0$ 的夹角 α 就是 AB 与 H 面的倾角 α。

同理，利用直线的 V 面投影及直线两端点的 y 坐标差所构成的直角三角形可以求出直线的实长以及直线与 V 面的倾角 β；利用直线的 W 面投影及直线两端点的 x 坐标差所构成的直角三角形可以求出直线的实长以及直线与 W 面的倾角 γ。

【例 2-3】　求点 A 到直线 BC 的距离(图 2-20(a))。

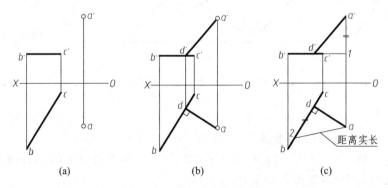

图 2-20　求点到直线的距离

分析：求点 A 到直线 BC 的距离，也就是求过点 A 所作的 BC 垂线的实长。由图 2-20(a)可知，BC 是水平线，根据直角投影定理，水平投影可以反映直角。又由于与水平线垂直的直线是一般位置的直线,所以可用直角三角形法求出实长。

作图:如图 2-20(b)所示。

(1) 过 a 作 $ad \perp bc$,垂足为 d;

(2) 由 d 作出 d',连接 $a'd'$;

(3) 量取 $d2 = a'1$,则 $a2$ 为 AD 的实长,即为点 A 到直线 BC 的距离的实长(图 2-20(c))。

2.4　平面的投影

2.4.1　平面的表示法

1. 几何元素表示法

由初等几何可知,不在同一直线上的三点确定一平面,因此在投影图上,可以利用如图 2-21 所示的任意一组几何元素的投影来表示平面:(a)不在一条直线上的三点;(b)直线和直线外一点;(c)两相交直线;(d)两平行直线;(e)任意平面图形。

(a)　　　　(b)　　　　(c)　　　　(d)　　　　(e)

图 2-21　平面的几何元素表示法

2. 迹线表示法

所谓迹线,是指平面与投影面的交线,如图 2-22 所示。分别用 P_H,P_V,P_W 表示平面 P 在 H,V,W 面中的迹线。作图时常使用迹线表示特殊位置平面,图 2-22(a),(b),(c)分别为一般位置平面、铅垂面和正平面的迹线表示法。

2.4.2　各种位置平面的投影

根据平面对投影面位置的不同可分为投影面的平行面、投影面的垂直面、一般位置平面三类。投影面的平行面和投影面的垂直面又称为特殊位置平面。

1. 投影面的平行面

平行于某一投影面,必垂直于另外两个投影面的平面,称为投影面的平行面。根据平面所平行的投影面不同可分为:正平面——平行于 V 面的平面;水平面——平行于 H 面的平面;侧平面——平行于 W 面的平面。下面以水平面为例介绍其投影特性。

由定义可知,水平面 $ABCD$ 平行于 H 面,而垂直于 V 面和 W 面,根据正投影的真实性和积聚性,可得其投影图有如下投影特性:

(1) 水平投影 $abcd$ 反映实形;

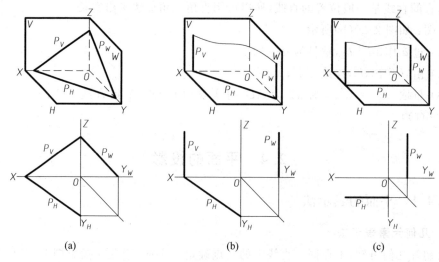

(a)　　　　　　　　　　　(b)　　　　　　　　　　　(c)

图 2-22　平面的迹线表示法

（2）正面投影 $a'b'c'd'$、侧面投影 $a''b''c''d''$ 均积聚成一直线，且 $a'b'c'd' /\!/ OX$，$a''b''c''d'' /\!/ OY$。

三种投影面的平行面的投影特性如表 2-3 所示。

表 2-3　投影面平行面的投影特性

名称	正平面（//V 面,⊥H,W 面）	水平面（//H 面,⊥V,W 面）	侧平面（//W 面,⊥H,V 面）
立体图			
投影图			

续表

名称	正平面(//V 面,⊥H,W 面)	水平面(//H 面,⊥V,W 面)	侧平面(//W 面,⊥H,V 面)
投影特性	① $a'b'c'd'$ 反映实形。 ② H,W 面投影积聚成一直线,且 $abcd$ //OX,$a''b''c''d''$ //OZ。	① $abcd$ 反映实形。 ② V,W 面投影积聚成一直线,且 $a'b'c'd'$ //OX,$a''b''c''d''$ //OY。	① $a''b''c''d''$ 反映实形。 ② H,V 面投影积聚成一直线,且 $abcd$ //OY,$a'b'c'd'$ //OZ。
	① 在所平行的投影面上的投影反映实形。 ② 另外两个投影面上的投影积聚成一直线,且分别平行于相应的投影轴。		
应用举例			

2. 投影面的垂直面

垂直于一个投影面而倾斜于其他两个投影面的平面称为投影面的垂直面。根据平面所垂直的投影面不同可分为:正垂面——垂直于 V 面的平面;铅垂面——垂直于 H 面的平面;侧垂面——垂直于 W 面的平面。下面以铅垂面为例介绍投影面垂直面的投影特性。

由定义可知,铅垂面 $ABCD$ 垂直于 H 面,倾斜于 V 面和 W 面(用 $\angle H,W$ 面表示),根据正投影的积聚性和类似性,可得其投影图有如下投影特性:

(1) 水平投影 $abcd$ 积聚为一直线,并反映与 V,W 面的倾角 β,γ;

(2) 正面投影 $a'b'c'd'$ 与侧面投影 $a''b''c''d''$ 均为缩小的类似形。

三种投影面的垂直面的投影特性如表 2-4 所示。

表 2-4　投影面垂直面的投影特性

名称	正垂面(⊥V 面,∠H,W 面)	铅垂面(⊥H 面,∠V,W 面)	侧垂面(⊥W 面,∠H,V 面)
立体图			

续表

名称	正垂面(⊥V 面,∠H,W 面)	铅垂面(⊥H 面,∠V,W 面)	侧垂面(⊥W 面,∠H,V 面)
投影图			
投影特性	① $a'b'c'd'$ 积聚为一直线,反映与 H,W 面的倾角 α,γ。 ② $abcd$,$a''b''c''d''$ 均为缩小的类似形。	① $abcd$ 积聚为一直线,反映与 V,W 面的倾角 β,γ。 ② $a'b'c'd'$,$a''b''c''d''$ 均为缩小的类似形。	① $a''b''c''d''$ 积聚为一直线,反映与 H,V 面的倾角 α,β。 ② $abcd$,$a'b'c'd'$ 均为缩小的类似形。
	① 在所垂直的投影面上的投影积聚为一直线,它与投影轴的夹角反映平面对其他两个投影面的真实倾角。 ② 另外两个投影面上的投影均为空间平面的类似形。		
应用举例	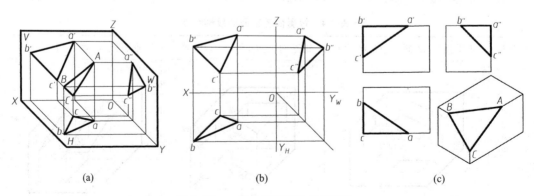		

3. 一般位置平面

对三个投影面均倾斜的平面称为一般位置平面,其投影特性均为边数相等的缩小的类似形,如图 2-23 所示。

(a)　　　　　　　　　(b)　　　　　　　　　(c)

图 2-23　一般位置平面的投影特性

2.4.3　平面上的直线和点

1. 平面上的直线

由立体几何可知,直线在平面上的几何条件是:直线通过平面上的两点(图 2-24(a))或直线通过平面上一点且平行于平面上一直线(图 2-24(b))。所以,要在平面上取线,可先在平面上的已知直线上取点,再过点作符合要求的直线。

2. 平面上的点

由立体几何可知,点在平面上的几何条件是:点在平面内的任一直线上,点必在平面上。如图 2-24(b)所示,由于点 F 在平面 ABC 上的直线 EF 上,因此点 F 必在平面 ABC 上。所以,在平面上取点,可先在平面上取通过该点的一条直线,然后在直线上选取符合要求的点。

【例 2-4】　如图 2-25(a)所示,已知平面 ABC 上点 E 的正面投影 e' 和点 F 的水平投影 f,试分别求出它们的另一面投影 e'、f'。

图 2-24　平面上的直线和点　　　　　　　　图 2-25　平面上求点

分析:因为点 E、F 是平面上的点,所以过点 E、F 各作一条平面上的直线,则点的投影必在直线的同面投影上。

作图:如图 2-25(b)所示。

(1) 过 e' 点作直线 $1'2'$ 平行于 $a'b'$,分别与 $a'c'$、$b'c'$ 交于 $1'$、$2'$ 点,求出其水平投影 12;

(2) 过 e' 点作 OX 轴的垂线与 12 相交,其交点即为 E 点的水平投影 e;

(3) 连接 af 与 cb 交于 3 点,求出其正面投影 $a'3'$;

(4) 过 f 点作 OX 轴的垂线与 $a'3'$ 的延长线相交,其交点即为点 F 的正面投影 f'。

2.5　直线与平面、平面与平面的相对位置

直线与平面、两平面之间的相对位置有平行、相交两种情况,特殊情况是垂直相交。

2.5.1　平行

1. 直线与平面平行

若直线平行于平面内的任意一条直线,则此直线与该平面平行。如图 2-26(a)所示,

直线 AB 平行于平面 P 上的直线 CD，则 AB 必与平面 P 平行。当直线与投影面垂直面平行时，直线的投影平行于平面有积聚性的同面投影；或者，直线、平面在同一投影面上都有积聚性。如图 2-26(b)、(c)所示，EF // 平面 $ABCD$，ef // $abcd$，以及 GH // 平面 $ABCD$，gh、$abcd$ 都具有积聚性。

(a)　　　　　　　　　(b)　　　　　　　　　(c)

图 2-26　直线与平面平行

【**例 2-5**】　过平面 ABC 外一点 M 求作一条水平线平行于该平面，如图 2-27(a)所示。

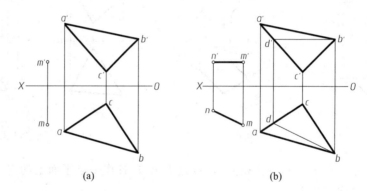

(a)　　　　　　　　　　　　(b)

图 2-27　过点 M 作水平线 // 平面 ABC

　　分析：欲过点 M 作一条水平线平行于平面 ABC，只需要先在平面 ABC 内作一条水平线，然后过点 M 作该水平线的平行线，则该直线即为所求直线。又虽然平面 ABC 内的水平线有无数条，但因其方向是确定的，因此，所求直线也是唯一的。

　　作图：如图 2-27(b)所示。

　　(1) 在平面 ABC 内作一条水平线 BD；

　　(2) 过点 M 作 MN // BD，即 mn // bd，$m'n'$ // $b'd'$，则 MN 即为所求直线。

2. 平面与平面平行

　　若一平面内的相交两直线，对应地平行于另一个平面内的相交两直线，则这两个平面互相平行。如图 2-28(a)所示，相交两直线 AB、CD 分别平行于相交两直线 EF、MN，所以 H // P。当垂直于同一投影面的两平面平行时，两平面具有积聚性的同面投影相互平行。如图 2-28(b)、(c)所示，平面 $ABCD$ // 平面 $EFGH$，则 $abcd$ // $efgh$。

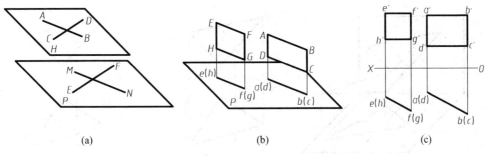

(a)　　　　　　　　　　　　(b)　　　　　　　　　　　　(c)

图 2-28　平面与平面平行

2.5.2　相交

当直线或平面垂直于投影面时,在它所垂直的投影面上的投影具有积聚性,利用这一特性,能很方便地解决有关相交问题。故本书只讨论直线或平面垂直于投影面的特殊情况下的相交问题。

1. 直线与平面相交

直线与平面的交点是直线与平面的共有点,且是直线可见与不可见的分界点。

【例 2-6】　求一般位置直线 MN 与铅垂面 ABC 的交点 K(图 2-29(a))。

分析:交点 K 在铅垂面 ABC 上,故点 K 的水平投影 k 在该平面积聚为直线的水平投影 abc 上。又点 K 在直线 MN 上,故 k 在该直线的水平投影 mn 上。所以,k 是 abc 与 mn 的交点,而点 K 的正面投影 k' 必在直线 MN 的正面投影 $m'n'$ 上。

作图:如图 2-29(b)所示。

(1) abc 与 mn 的交点 k 即为点 K 的水平投影;

(2) 过 k 作 OX 轴的垂线,与 $m'n'$ 交于 k',则点 K 即为所求交点;

(3) 判别可见性,由于 NK 位于平面 ABC 的后面,所以 $n'k'$ 与 $a'b'c'$ 重合的部分不可见,用虚线表示。

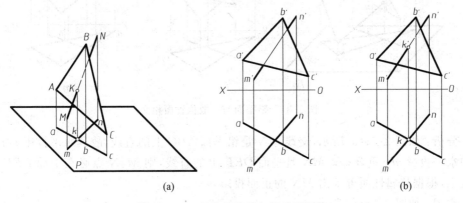

(a)　　　　　　　　　　　　　　　　　　(b)

图 2-29　一般位置直线与铅垂面相交

【例2-7】　求正垂线 EF 与一般位置平面 ABC 的交点 M(图2-30(a))。

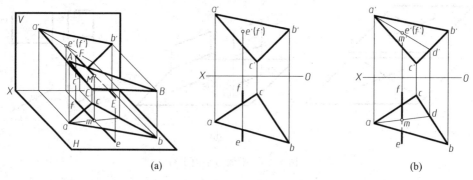

图2-30　正垂线与一般位置面相交

分析：如图2-30(a)所示，交点 M 是正垂线 EF 上的点，所以点 M 的正面投影 m' 必与 EF 积聚为一点的正面投影 $e'(f')$ 重合。交点 M 又是平面 ABC 上的点，所以可以根据从属性求出点 M 的水平投影 m。

作图：如图2-30(b)所示。

(1) $e'(f')$ 即为点 M 的正面投影 m'；

(2) 连接 $a'm'$，并延长与 $b'c'$ 交于 d'，过 d' 作 OX 轴的垂线交 bc 于 d，则 ad 与 ef 的交点 m 即为所求交点 M 的水平投影；

(3) 判别可见性，由于平面 ABD 位于直线 EF 的上面，所以 em 与 abd 重合的部分不可见，用虚线表示。

2. 平面与平面相交

两平面相交的交线是两平面的共有线，而且是平面可见与不可见的分界线。

【例2-8】　求铅垂面 ABC 与一般位置平面 DEF 的交线 MN(图2-31(a))。

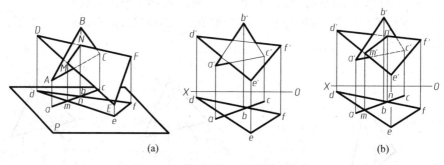

图2-31　铅垂面与一般位置面相交

分析：如图2-31(a)所示，交线 MN 是铅垂面 ABC 上的直线，故其水平投影 mn 和平面的水平投影 abc 重合；又 MN 是平面 DEF 上的直线，则 M、N 点必在平面 DEF 内的直线上，根据从属性便可求出 MN 的正面投影 $m'n'$。

作图：如图2-31(b)所示。

(1) 设 abc 与 de 的交点为 m，与 df 的交点为 n，则 mn 即为交线的水平投影；

（2）分别过 m,n 作 OX 轴的垂线，并延长交 $d'e',d'f'$ 于 m',n'，则 MN 即为两平面的交线；

（3）判别可见性，由水平投影可知，$MNFE$ 位于平面 ABC 的前面，故正面投影中两平面相交部分 $m'n'f'e'$ 可见，$d'm'n'$ 不可见，应用虚线表示。

2.5.3　垂直

1. 直线与平面垂直

若一直线垂直于一平面上任意两相交直线，则直线垂直于该平面，也就垂直于该平面上所有直线。如图 2-32 所示，直线 MK 垂直于平面 ABC，垂足为 K，若过点 K 作一水平线 AD，则 $MK\perp AD$，根据直角投影定理，则有 $mk\perp ad$，同理，过点 K 作一正平线 CE，则 $MK\perp CE,m'k'\perp c'e'$。

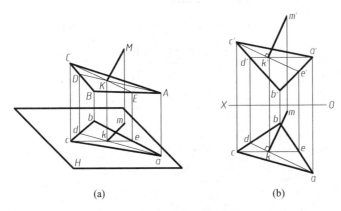

(a)　　　　　　　　　　(b)

图 2-32　直线与平面垂直

当直线与投影面的垂直面相垂直时，直线必定平行于该投影面，且直线的投影垂直于平面有积聚性的同面投影。如图 2-33 所示，直线 EF 垂直于铅垂面 $ABCD$，则 EF 为水平线，$ef\perp abcd$。

(a)　　　　　　　　　　(b)

图 2-33　直线与铅垂面垂直

2. 平面与平面垂直

若一平面过另一平面的垂线，则两平面必相互垂直；反之，若两平面互相垂直，则过其中一平面内的任意一点向另一平面所作的垂线,必在该平面内。当两个互相垂直的平面同时垂直于一个投影面时,则两平面有积聚性的同面投影相互垂直,交线是该投影面的垂线。如图 2-34 所示,两铅垂面 $ABCD$,$CDEF$ 互相垂直,它们具有积聚性的水平投影 $abcd$,$cdef$ 垂直相交,交点 $d(c)$ 是两平面的交线——铅垂线 CD 的水平投影。

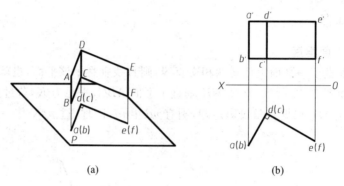

(a)　　　　　　　　　(b)

图 2-34　两平面垂直

第3章 立体的投影

本章将介绍：平面立体及其表面上点的投影；回转体及其表面上点的投影；平面与立体的截交线的求法；立体与立体的相贯线的求法。

3.1 平面立体的投影

平面立体就是由平面多边形围成的立体。其中平面多边形称为棱面，棱面两两相交的交线称为棱线，棱线的交点称为顶点。画平面立体的投影，就是画棱面、棱线、顶点的投影。

平面立体的基本形式有棱柱和棱锥两种。

3.1.1 棱柱的投影及其表面上取点

1. 棱柱的投影

常见的棱柱有三棱柱、四棱柱、五棱柱和六棱柱等。棱柱的特点是各棱面的交线即棱线相互平行。棱线与底面垂直且底面为正多边形的棱柱称为正棱柱。为便于作图，棱柱一般按底面平行于某一投影面放置。

如图 3-1(a)所示的正六棱柱，其顶面和底面是两个相等的正六边形，均为水平面，所以其水平投影相互重合且反映实形，正面投影和侧面投影积聚为一直线。正六棱柱有六个棱面，其中前后两个棱面为正平面，正面投影反映实形，水平和侧面投影积聚为一条直线。其余四个侧面均为铅垂面，水平投影积聚为一直线，正面和侧面投影均为缩小的类

(a)　　　　　　　　　　　　　　(b)

图 3-1　正六棱柱的投影

似形。

正六棱柱上所有的棱线均为铅垂线,故水平投影均积聚为一点,即正六边形的六个顶点,正面和侧面投影均反映实长。

作图时应先画出反映正六棱柱特征的水平投影——正六边形,再根据正六棱柱的高度及投影规律作出其余两面投影,如图 3-1(b)所示。要特别注意的是:棱柱的水平投影和侧面投影之间必须符合宽度相等以及前后对应的关系。

2. 棱柱表面上取点

棱柱表面上点的投影的求法可根据点所在的面具有积聚性这一特点来进行求解。例如正六棱柱上、下底面上的点可利用上、下底面的正面投影具有积聚性求出;而各个棱面上的点则可利用六个棱面的水平投影具有积聚性来求解,问题的关键是如何确定点所在表面是否可见。

【例 3-1】 如图 3-2(a)所示,已知正六棱柱表面上 M 的正面投影 m' 和 N 点的水平投影 n,求其他两面投影。

分析:由 M 点的正面投影 m' 可知,M 点位于正六棱柱的右、前侧面上,该侧面的水平投影积聚为一条直线,故 M 点的水平投影必在这条直线上,可根据点的投影规律作出 M 点的水平投影 m,由 m,m' 可作出 m''。又因为 M 点位于右侧面上,故 m'' 不可见,应加括号表示。

由 N 点的水平投影 n 可知,N 点位于底面上,因其不可见,故应位于下底面上。下底面是水平面,正面投影积聚为一直线,故可作出 N 点的正面投影 n',由 n,n' 即可作出 n''。

作图过程如图 3-2(b)所示。

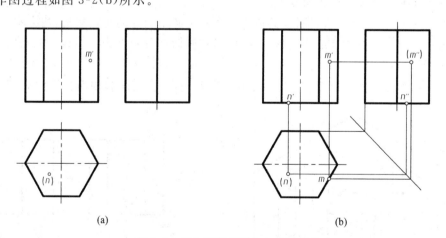

(a)   (b)

图 3-2　正六棱柱表面上点的投影

3.1.2　棱锥的投影及其表面上取点

1. 棱锥的投影

常见的棱锥有三棱锥、四棱锥、五棱锥等。

棱锥的特点是各棱面的交线即棱线汇交于一点——锥顶。为了便于作图,棱锥通常按底面平行于投影面放置。如图 3-3(a)所示的正三棱锥 S-ABC,底面 ABC 为水平面,水平投影反映实形,正面和侧面投影积聚为一直线;后棱面 SAC 为侧垂面,侧面投影积聚为一直线,水平和正面投影为类似形;两个侧棱面 SAB 和 SBC 为一般位置平面,三个投影均为类似形。

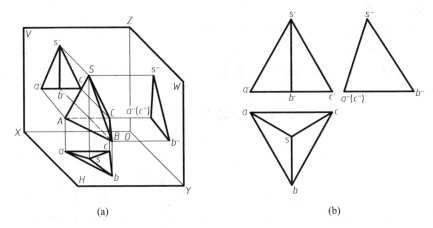

(a)   (b)

图 3-3 正三棱锥的投影

作投影图时可先作出水平投影正三角形 abc,锥顶 S 的水平投影 s 为 $\triangle abc$ 的中心;然后再根据投影规律作出正面、侧面投影,其投影图如图 3-3(b)所示。

2. 棱锥表面上取点

【例 3-2】 如图 3-4(a)所示,已知棱锥表面上点 M,N 的正面投影 m',n',求作其水平投影和侧面投影。

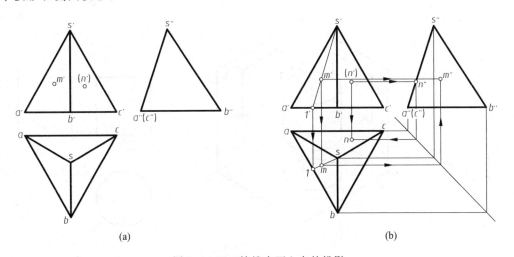

(a)   (b)

图 3-4 正三棱锥表面上点的投影

分析:由 M,N 点的正面投影可知,M 点位于左前侧面上,N 点位于后侧面上。因为左前侧面是一般位置平面,三个投影均为类似形,所以可利用面上求点的方法(即过点 M 作平面上一直线,再由直线的投影求出点 M 的投影);因为后侧面是侧垂面,侧面投影积聚为一条直线,可利用积聚性求 N 点的侧面投影,再根据点的投影规律作出其水平投影。

作图：如图 3-4(b)所示。

(1) 连接 $s'm'$，并延长交 $a'b'$ 于 $1'$；

(2) 作出 $s1$，过 m' 作投影线交 $s1$ 于一点，即为 m；

(3) 由 m、m' 作出 m''；

(4) 过 n' 作投影线交 $s''a''(c'')$ 于一点，即为 n''；

(5) 由 n'、n'' 作出 n。

作图时，也可过 M 点作一辅助平行线求出 M 点的另两面投影。

3.2　回转体的投影

工程上最常见的曲面立体是回转体。回转体是由回转面或平面和回转面组成的。回转面可看成是由一动线(直线、圆弧或其他曲线)绕一定(直)线回转一周而形成。定直线称为轴线；动线称为母线；母线在回转面上的任意位置称为素线；母线上任意一点的运动轨迹是一个垂直于轴线的圆，称为纬圆。回转面的形状取决于母线的形状及其与轴线的相对位置。作回转体的投影就是作出组成它的所有回转面和平面的投影。

3.2.1　圆柱的投影及其表面上取点

1. 圆柱的形成

如图 3-5(a)所示，圆柱面是由一条直母线围绕和它平行的轴线旋转一周形成的。由顶面、底面和圆柱面包容而形成的立体即为圆柱体。

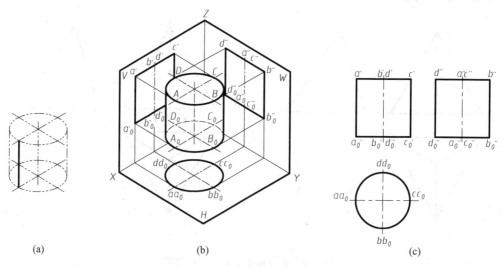

图 3-5　圆柱的形成及投影图
(a) 形成；(b) 立体图；(c) 投影图

2. 圆柱的投影

如图 3-5(b)所示，当圆柱轴线垂直于水平投影面时，圆柱的上、下底面为水平面，其水平投影反映实形——圆,正面和侧面投影积聚为一条直线。圆柱面上所有的素线均为铅垂线,圆柱面的水平投影积聚为一圆,与两底面的水平投影重合。在正面投影中,前、后两个半圆柱面的投影重合为一矩形,矩形的两条竖线分别是圆柱面的最左、最右素线的投影,也是圆柱面前、后分界的转向轮廓线。在侧面投影中,左、右两个半圆柱面的投影重合为一矩形,矩形的两条竖线分别是圆柱面的最前、最后素线的投影,也是圆柱面左、右分界的转向轮廓线。

画圆柱体的投影时,先画出轴线的投影,即各投影的中心线;再画出形状为圆的水平投影,然后根据圆柱体的高度画出形状为矩形的正面和侧面投影,如图 3-5(c)所示。

3. 圆柱表面上取点

圆柱表面上取点可利用圆柱面的投影具有积聚性来求解。

【例 3-3】　如图 3-6(a)所示,已知圆柱面上点 M,N 的正面投影 m',n',求作 m,m'' 和 n,n''。

分析:由 M 点的正面投影 m' 可知,M 点是前半个圆柱面上的点(因 m' 可见),根据圆柱面的水平投影具有积聚性,可先作出 M 点的水平投影 m,再根据点的投影规律可作出其侧面投影 m''。由于 M 点位于左半个圆柱面上,故 m'' 可见。同理,由 N 点正面投影可知,N 点是圆柱最后素线上的点,所以可利用这一特殊性求作 n,n''。

作图:如图 3-6(b)所示。

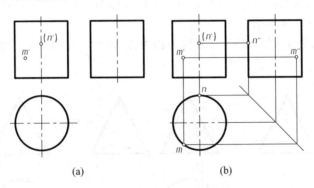

(a)　　　　　　　　　　　　　(b)

图 3-6　圆柱表面上点的投影

3.2.2　圆锥的投影及其表面上取点

1. 圆锥的形成

如图 3-7(a)所示,圆锥面是由一条直母线围绕和它相交的轴线回转而成。由底面和圆锥面包容而形成的立体即为圆锥体。

2. 圆锥的投影

如图 3-7(b)所示,当圆锥轴线垂直于水平投影面时,圆锥的底面为水平面,其水平投影反映实形——圆,正面和侧面投影积聚为一条直线。圆锥面的三面投影均不具有积聚性,其水平投影与底面的水平投影重合,且全部可见;正面投影由前、后两个半圆锥面的投影重合为一等腰三角形,三角形的两腰分别是圆锥最左、最右素线的投影,也是圆锥面前、后分界的转向轮廓线;侧面投影由左、右两个半圆锥面的投影重合为一等腰三角形,

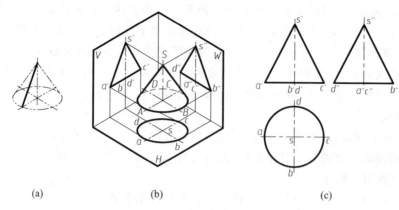

图 3-7　圆锥的形成及投影图

(a) 形成；(b) 立体图；(c) 投影图

三角形的两腰分别是圆锥最前、最后素线的投影，也是圆锥面左、右分界的转向轮廓线。

画圆锥的投影时，可先画出轴线的投影，即各投影的中心线；再画出形状为圆的水平投影，然后根据圆锥的高度画出形状为等腰三角形的正面和侧面投影，如图 3-7(c) 所示。

3. 圆锥表面上取点

在圆锥表面上取点时，由于圆锥面的三个投影都不具有积聚性，所以需要在圆锥面上通过作辅助线的方法来作图。

【例 3-4】　如图 3-8(a) 所示，已知圆锥面上点 M 的正面投影 m'，求它的水平投影 m 和侧面投影 m''。

图 3-8　圆锥表面上点的投影

分析：根据 m' 可判定 M 点在左、前半个圆锥面上，所以其水平、侧面投影均可见。为方便作图，可过 M 点作辅助素线或作垂直于圆锥轴线的辅助纬圆(水平圆)。根据从属性——点 M 在辅助线上，则点 M 的投影必在辅助线的同面投影上，可先作出辅助线的投影再求出点的投影。具体作图过程如下：

方法一(素线法)：如图 3-8(b) 所示，过锥顶 S 和 M 点作一辅助素线 SA。

(1) 连接 $s'm'$，并延长交底面的正面投影于 a'；

（2）求作 sa，根据从属性在 sa 上作出 m；

（3）根据 m，m' 作出 m''，即为所求。

方法二（纬圆法）：过点 M 在圆锥面上作垂直于圆锥轴线的辅助圆。

（1）过 m' 作水平辅助圆的正面投影 $a'b'$，如图 3-8（c）所示；

（2）以 $a'b'$ 为直径作水平投影（圆），过 m' 作投影线与前半个圆周的交点，即为 m；

（3）根据 m，m' 作出 m''，即为所求。

3.2.3　圆球的投影及其表面上取点

1. 圆球的形成

如图 3-9（a）所示，圆球面是由一圆母线以其直径为轴线旋转而成的。圆球则由圆球面包容而形成。

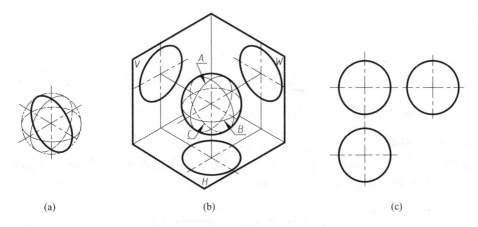

图 3-9　圆球的形成及投影图
(a) 形成；(b) 立体图；(c) 投影图

2. 圆球的投影

圆球的三个投影均为圆，且其直径与圆球的直径相等。圆球的各个投影虽然都是圆，但各个圆的意义却不同。如图 3-9（b）所示，正面投影的圆是平行于 V 面的素线圆 A 的投影，它是前、后两半球的分界线，也是圆球正面投影可见与不可见的分界线；同理，水平投影的圆是平行于 H 面的圆素线 B 的投影，它是上、下两半球的分界线，也是圆球水平投影可见与不可见的分界线；侧面投影的圆是平行于 W 面的圆素线 C 的投影，它是左、右两半球的分界线，也是圆球侧面投影可见与不可见的分界线。这三条圆素线的其他两面投影，都与圆的相应中心线重合。

画圆球的投影时，先画出各投影的中心线，再画出三个直径相等的圆，如图 3-9（c）所示。

3. 圆球表面上取点

由于圆球表面上不能作出直线，所以只能用辅助圆法来确定圆球表面上点的投影。

【**例 3-5**】　如图 3-10（a）所示，已知圆球面上点 M 的正面投影 m'，求它的水平投影 m 和侧面投影 m''。

分析：根据 m' 可判定 M 点在前、上、右半个圆球面上，所以其水平投影 m 可见、侧面投影 m'' 不可见。可过 M 点作一水平辅助圆来作图，如图 3-10(b) 所示。

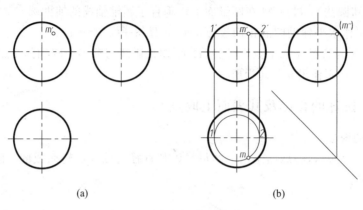

(a)   (b)

图 3-10 圆球表面上点的投影

作图：如图 3-10(b) 所示。

本例也可过 M 点作平行于 V 面的辅助圆或作平行于 W 面的辅助圆来进行求解。

3.2.4 圆环的投影及其表面上取点

1. 圆环的形成

如图 3-11(a) 所示，圆环面是由一圆母线绕不通过圆心但在同一平面上的轴线回转而形成的。圆环则是由圆环面包容而形成。

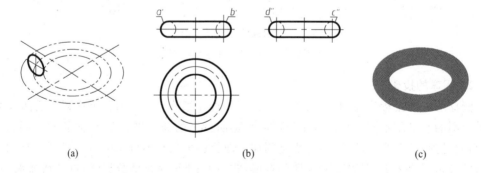

(a)   (b)   (c)

图 3-11 圆环的投影

(a) 形成；(b) 投影图；(c) 立体图

2. 圆环的投影

如图 3-11(b) 所示，圆环面轴线垂直于 H 面，在正面投影上左、右两圆是圆环面上平行于 V 面的 A，B 两素线圆的投影(区分前、后半环表面的外形轮廓线)；侧面投影上前、后两圆是圆环面上平行于 W 面的 C，D 两素线圆的投影(区分左、右半环表面的外形轮廓线)；正面投影和侧面投影上顶、底两直线是圆环面的最高、最低圆的投影(区分内、外环面的外形轮廓线)；水平投影上画出最大和最小圆(区分上、下环面的外形轮廓线)，以及中心圆点画线的投影。圆环的三面投影如图 3-11(b) 所示。

3. 圆环表面上取点

在圆环表面上取点时,可过点在圆环面上作一纬圆,其水平投影反映实形——圆,正面投影和侧面投影均积聚为一直线。

【例 3-6】　如图 3-12(a)所示,已知圆环面上点 M 的正面投影 m',求它的水平投影 m 和侧面投影 m''。

分析:由图 3-12(a)可知,点 M 在上半个圆环面上,且 m' 可见,故 M 点必在前半个外圆环面上。可过 M 点作圆环表面辅助水平圆来求 m,再由 m,m' 可求得 m''。

图 3-12　圆环表面上取点

作图:如图 3-12 所示。

(1) 过 m' 作圆环表面的水平圆的正面投影 $1'2'$;

(2) 以 $1'2'$ 为直径作水平投影(圆),过 m' 作投影线与前半圆周的交点即为 m;

(3) 根据 m,m' 作出 m''。

3.3　平面与立体相交

平面与立体相交,可以看作是平面截切立体,该平面称为截平面,它与立体表面的交线称为截交线,如图 3-13 所示。研究平面与立体相交,其主要内容就是求截交线的投影。本节将讨论截交线的性质及作图方法。

图 3-13　截平面与截交线

1. 截交线的几何性质

(1) 共有性:截交线既在截平面上,又在立体表面上,因此截交线是截平面与立体表面的共有线,截交线上的点是截平面和立体表面的共有点。

(2) 封闭性:立体表面是封闭的,因此截交线一般是封闭的图线。截交线的形状取决于立体表面的形状及截平面与立体的相对位置。

2. 作图方法

因为截交线具有共有性,可利用平面上取点、取线的方法或借助于辅助平面的方法求截交线的投影。

3.3.1　平面与平面立体相交

平面与平面立体的截交线是一个平面多边形,多边形的边数取决于立体上与平面相交的棱线的边数,多边形的顶点是平面立体的棱线或底面与截平面的交点,多边形的边是平面立体表面与截平面的交线。

【**例 3-7**】　如图 3-14(a)所示,求三棱锥 $S—ABC$ 被正垂面 P 截切后的投影。

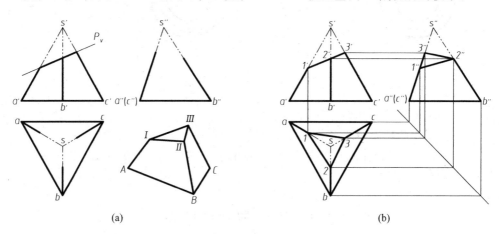

(a)　　　　　　　　　　(b)

图 3-14　平面截切棱锥

分析:由于平面立体 $S—ABC$ 是三棱锥,平面 P 与三条棱线相交,故截交线为三角形。又由于 P 是正垂面,其正面投影 P_V 具有积聚性,所以截交线的正面投影与 P_V 重合。

作图:如图 3-14(b)所示。

(1) P_V 与各棱线的交点 $1'$, $2'$, $3'$ 即为截交线的三个顶点 I, II, III 的正面投影;

(2) 根据点的投影规律和从属性,分别在 sa, sb, sc 上作出交点 I, II, III 的水平投影 1, 2, 3 和侧面投影 $1''$, $2''$, $3''$;

(3) 按次序连接点的同面投影 123 和 $1''2''3''$,并判别可见性。

3.3.2　平面与回转体相交

1. 平面与圆柱相交

平面与圆柱相交,根据截平面与圆柱轴线的相对位置不同,其截交线形状有三种情况,如表 3-1 所示。

表 3-1 圆柱的截交线

截平面位置	⊥轴线	//轴线	∠轴线
立体图	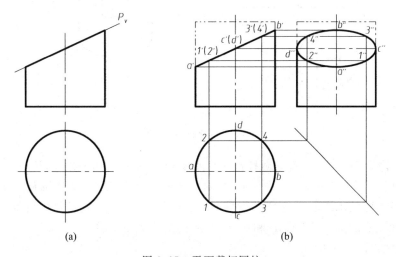		
投影图			
截交线形状	圆	矩形	椭圆

【例 3-8】 如图 3-15(a)所示,已知圆柱被正垂面截切,求其侧面投影。

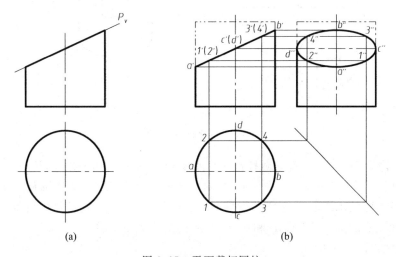

(a)　　　　　　　　　　　(b)

图 3-15 平面截切圆柱

分析:由于正垂面倾斜于圆柱轴线,故截交线空间形状为一椭圆。由截交线的共有性可知:截交线的正面投影为正垂面的积聚性投影——直线;水平投影为圆柱面的水平投影——圆;侧面投影为椭圆,作图时可根据投影规律和圆柱面上取点的方法求出。

作图:如图 3-15(b)所示。

(1) 求作特殊点:A,B,C,D 为椭圆的长、短轴的端点,也是椭圆的最低、最高、最前、最后点,是圆柱上最左、最右、最前、最后素线上点这一特性求出 a'',b'',c'',d'';

(2) 求作一般点:为作图简便,图中选取椭圆上的四个对称点 I,II,III,IV,按圆柱表面上取点的方法求出 $1'',2'',3'',4''$;

(3) 依次连接各点的投影,并判别可见性。

【例 3-9】　如图 3-16(a)所示,补全圆柱被平面截切后的水平和侧面投影。

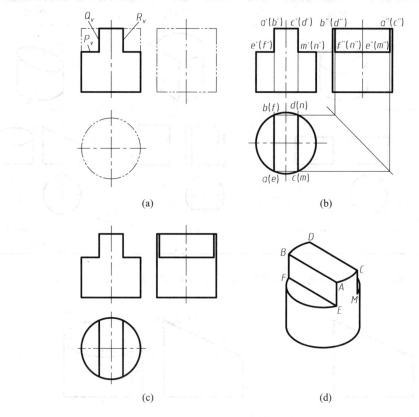

图 3-16　圆柱被切割

分析:图 3-16(a)为一直立圆柱被一个水平面 P 和两个侧平面 Q,R 所截切,截切后的立体图如图 3-16(d)所示,截平面 Q,R 对称平行于圆柱轴线,截切圆柱后得到的交线分别为平行于圆柱轴线的两直线;截平面 P 垂直于圆柱轴线,截切圆柱后得到的交线为与圆柱端面相同的圆;截平面 P 和 Q,P 和 R 的交线为正垂线。

作图:如图 3-16(b)所示。

(1) 截平面 Q,R 与圆柱面的交线为分别矩形 $ABFE$ 和 $CDNM$,它们的水平投影积聚成一直线,反映实形的侧面投影 $a''b''f''e''(c''d''n''m'')$ 可由水平投影和正面投影求出;

(2) 截平面 P 与圆柱面的交线为两段平行于 H 面的圆弧 EF 和 MN,它们的水平投影反映实形,和圆柱的水平投影重合,正面投影和侧面投影均积聚成一直线;

(3) 截平面 P 和 Q,P 和 R 的交线为正垂线 EF,MN,其正面投影分别积聚为一点 $e'(f')$ 和 $m'(n')$,水平投影重合于截平面 Q,R 与圆柱面的交线的水平投影,侧面投影重合于截平面 P 与圆柱面的交线的侧面投影;

(4) 擦去作图线和多余线条,判别可见性,整理得如图 3-16(c)所示的圆柱被切割后的投影图。

图 3-17 为圆柱被开槽后的立体图和投影图,请读者比较其与圆柱切割截交线的异同。

图 3-17　圆柱被开槽

图 3-18(a),(b)为圆筒被切割的情况,截平面与内外圆柱面都有交线,作图方法与上述相同,但要注意判断截交线的可见性。

(a)　　　　　　　　　　　　　　　　(b)

图 3-18　圆筒被切割、开槽

2. 平面与圆锥相交

平面与圆锥相交,根据截平面与圆锥轴线的相对位置不同,其截交线形状有五种情况,如表 3-2 所示。

表 3-2　圆锥的截交线

截平面位置	不过锥顶				过锥顶
	⊥轴线 $\theta=90°$	∠轴线 $\theta>\alpha$	∠轴线 $\theta=\alpha$	//轴线 $\theta=0°$	
立体图					

续表

截平面位置	不过锥顶				过锥顶
	⊥轴线 $\theta=90°$	∠轴线 $\theta>\alpha$	∠轴线 $\theta=\alpha$	//轴线 $\theta=0°$	
投影图					
截交线形状	圆	椭圆	抛物线加直线	双曲线加直线	三角形

注：θ 为平面与圆锥轴线的夹角，α 为圆锥锥顶半角。

【例 3-10】 如图 3-19(a)所示，求圆锥被平面截顶后的投影。

分析：由图 3-19(a)可知，由于锥顶被正垂面斜截且 $\theta>\alpha$，故截交线空间形状为椭圆，其正面投影积聚成直线段，水平投影和侧面投影均为椭圆；设 A,B 为椭圆长轴的两端点，C,D 为椭圆短轴的两端点。

作图：如图 3-19 所示。

(1) 求特殊点：由 a',b',e',f' 在相应的素线投影上求出 a,b,e,f 和 a'',b'',e'',f''，平分 $a'b'$，分点为 $c'(d')$，用辅助圆法求出 c,d 和 c'',d''，如图 3-19(b)所示；

(2) 求一般点：在截交线适当位置上取得若干一般点 I，II，III，IV，用辅助纬圆法求出 $1,2,3,4$ 和 $1',2',3',4'$，如图 3-19(c)所示；

(3) 依次连接各点的投影，并判别可见性。截交线的水平投影可见，画成实线；侧面投影以 e''，f'' 为分界点，位于右半锥面部分不可见，画成虚线，如图 3-19(d)所示。

【例 3-11】 求如图 3-20(a)所示的圆锥被截切后的投影。

分析：如图 3-20(b)所示，圆锥被正垂面 Q 和水平面 P 所截切，平面 Q 通过锥顶，截交线是两条直线段。平面 P 垂直于圆锥轴线，截交线是圆弧。平面 Q 和平面 P 的交线是两个截交线的分界线，是一条正垂线，其端点是相邻截交线的分界点。

作图：如图 3-20(b)所示。

(1) 作过 $A(B)$ 的素线的投影 $s'1'(2')$，$s1$，$s2$，过 a'，b' 作投影线得 a,b，再求得 $s''a''$，$s''b''$；

(2) 以 s 为圆心，sa 为半径，作圆弧 acb，并求出具有积聚性的侧面投影 $c''a''b''$；

(3) 因 AB 被锥体上部挡住，故其水平投影不可见，为虚线，侧面投影与平面 P 的投影重合。

3. 平面与圆球相交

平面与圆球相交，其截交线总为圆，若截平面为投影面的平行面，则截交线在所平行的投影面上的投影反映实形，其余两投影均积聚为直线段；若截平面为投影面的垂直面，则截交线在所垂直的投影面上的投影积聚为直线，另外两投影为椭圆。

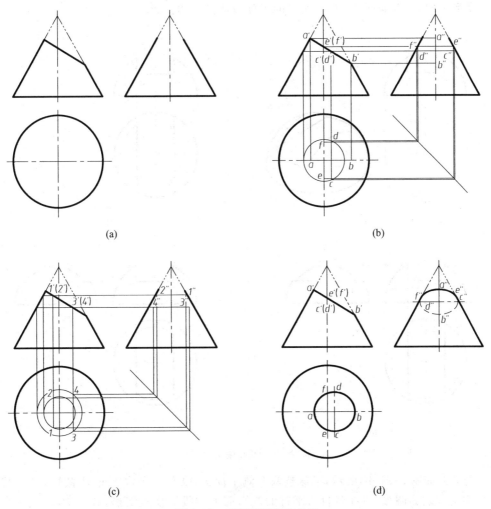

(a)　　　　　　　　　　　　　　　　(b)

(c)　　　　　　　　　　　　　　　　(d)

图 3-19　截顶后圆锥的投影

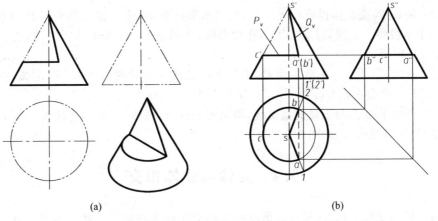

(a)　　　　　　　　　　　　　　　　(b)

图 3-20　平面截切圆锥

【例 3-12】 求如图 3-21(a)所示的半球被切槽后的投影。

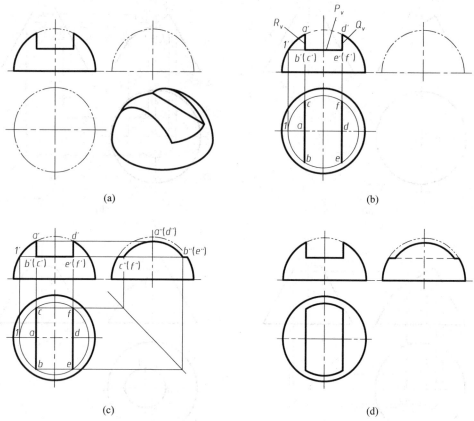

图 3-21　平面截切半圆球

分析：如图 3-21(b)所示,半球被两个侧平面 R,Q 和一个水平面 P 截切,三个截平面的截交线均为圆弧,且在各自所平行的投影面上的投影反映实形,其中 R,Q 关于半球轴线对称,故其反映实形的侧面投影重合。另外,截平面的交线为正垂线。

作图：如图 3-21 所示。

(1) 延长 P_v 交正面投影轮廓于 $1'$,求出水平投影 1,过 1 作出截平面 P 与半球的截交线的水平投影——圆,过 a'、$b'(c')$ 作投影线,交圆于 b,c。同理,作出 e,f,连接 bc,ef,如图 3-21(b)所示;

(2) 求出 $a''(d'')$,作出截平面 Q,R 与半球的截交线的侧面投影——圆弧,在其上确定 BC,EF 的侧面投影 $b''(e'')$、$c''(f'')$,如图 3-21(c)所示;

(3) 作水平面 P 与半球的截交线,画出水平投影(圆弧 cf,be),连接 $b''c''$($e''f''$),因其不可见,故用虚线画出,如图 3-21(d)所示。

3.4　立体与立体相交

两立体相交称为相贯,相贯时形成的表面交线称为相贯线。两立体相交可分为两平面立体相交、平面立体与曲面立体相交、两曲面立体相交。两立体中有一个为平面立体时,如图 3-22 所示,其相贯线求法可按截交线来求,故本节主要讨论两曲面立体相贯时的相贯线的求法。

图 3-22　平面立体与立体相贯

3.4.1　相贯线的性质

由于相交两曲面立体的形状、大小及相对位置不同,相贯线的形状也不同,但所有的相贯线都具有以下性质:

(1) 共有性。相贯线是两曲面立体表面的共有线,相贯线上的点是两曲面立体表面的共有点;

(2) 封闭性。相贯线一般是封闭的空间曲线,特殊情况下可能是不封闭的,也可能由平面曲线或直线构成;

(3) 相贯线的形状取决于两相贯体的形状,相对尺寸大小及两相贯表面的相对位置。

3.4.2　相贯线的画法

根据相贯线的共有性可知,求相贯线的投影实质是求相交两立体表面上一系列共有点的投影,求出这些共有点的投影后只要依次光滑连接即为相贯线的投影。

1. 利用积聚性投影求相贯线

当相交两圆柱体的轴线正交垂直时,相贯线的两面投影具有积聚性,此时可根据点的投影规律,由共有点的两面投影求出其第三面投影。

【例 3-13】　如图 3-23(a)所示,两轴线垂直相交的水平圆柱和直立圆柱相交,求其相贯线的投影。

分析:由于两圆柱正交,故其相贯线为前后、左右均对称的封闭空间曲线。小圆柱的轴线垂直于 H 面,其水平投影积聚为圆,则相贯线的水平投影为圆;大圆柱的轴线垂直于 W 面,其侧面投影积聚为圆,则相贯线的侧面投影为圆弧(与小圆柱面共有的部分),故本题只需求出相贯线的正面投影。

作图:如图 3-23 所示。

(1) 求特殊点。如图 3-23(b)所示,相贯线上最左、最右点为 I , II 点(也是相贯线上最高点);最前、最后点为 III , IV 点(也是相贯线上最低点),由其特殊性可很容易作出其水平投影 $1,2,3,4$,正面投影 $1',2',3',4'$ 和侧面投影 $1'',2'',3'',4''$ 。

(2) 求一般点。在相贯线的水平投影上定出左右对称的四点 VI , VII , VIII , IX 的水平投影 $5,6,7,8$,求出其侧面投影 $5'',6'',7'',8''$ 和正面投影 $5',6',7',8'$,如图 3-23(c)所示。

(3) 依次光滑连接各点的正面投影,如图 3-23(d)所示。

两轴线垂直相交的圆柱,在零件上是最常见的,它们的相贯线一般有图 3-24 所示的三种形式:

(1) 图 3-24(a)表示的实心圆柱全部贯穿大的实心圆柱,相贯线是上下对称的两条闭

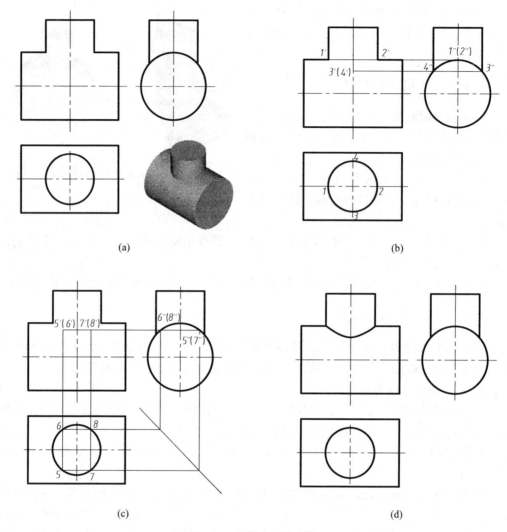

(a)　　　　　　　　　　　　　　　(b)

(c)　　　　　　　　　　　　　　　(d)

图 3-23　圆柱与圆柱相贯

合的空间曲线。

（2）图 3-24(b)表示圆柱孔全部贯穿大的实心圆柱,相贯线也是上下对称的两条闭合的空间曲线,且就是圆柱孔壁的上、下孔口曲线。

（3）图 3-24(c)所示的相贯线是长方体内部两个圆柱孔的孔壁交线,同样是上下对称的两条闭合的空间曲线。

实际上,在这三个投影图中所示的相贯线,具有同样的形状,而且求这些相贯线投影的作图方法也是相同的。

2. 辅助平面法

当两回转体的相贯线不能(或不便于)利用积聚性直接求出时,可利用辅助平面法求解。辅助平面法是利用辅助平面求作相贯线上点的方法。具体来讲,就是用一个与两回转体都相交的辅助平面同时截切这两个相交立体,得到两组截交线,截交线的交

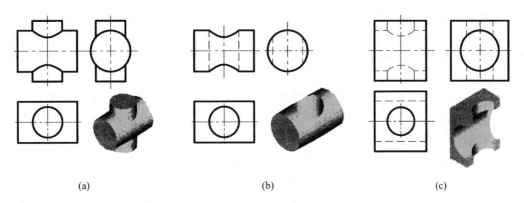

图 3-24 两圆柱相贯线的常见情况

(a) 两实心圆柱相交；(b) 圆柱孔与实心圆柱相交；(c) 两圆柱孔相交

点即为辅助平面与两回转体表面的三面共有点，也就是相贯线上的点。选取辅助平面时，为便于解题，应使其为特殊位置的平面，且与两回转体的截交线的投影最为简单（直线或圆）。

【例 3-14】 如图 3-25(a) 所示，求轴线垂直相交的圆柱和圆锥的相贯线。

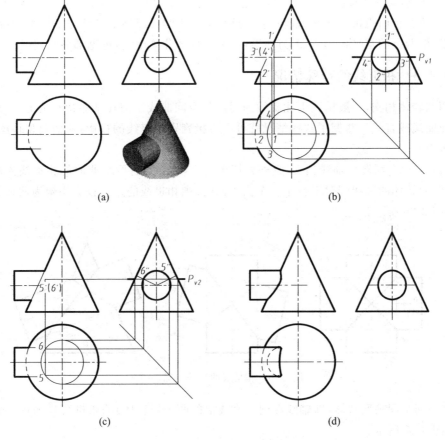

图 3-25 圆柱与圆锥相贯

　　分析：由于圆柱与圆锥的轴线垂直相交，即两者有共同的前后对称面，故其相贯线为前后对称的封闭的空间曲线。其侧面投影是圆，即圆柱具有积聚性的侧面投影。故本题只需求出相贯线的正面投影和水平投影。

　　由于圆锥的轴线垂直于水平投影面，而圆柱的轴线平行于水平投影面，故可用一水平面 P 作为辅助平面来进行截切，得到的截交线分别为圆和两平行直线，圆与两平行直线的交点即为相贯线上的点。

　　作图：

　　(1) 求特殊点。如图 3-25(b) 所示，在侧面投影上可直接得到最高、最低点 I，II 两点的侧面投影 $1''$，$2''$，由 $1''$，$2''$ 可直接求出 $1'$，$2'$ 和 1，2；在侧面投影上可得到最前、最后点 III，IV 的投影 $3''$，$4''$，过 III、IV 作一水平面 P_1，即可求得 3，4 和 $3'$，$4'$。其中，3，4 还是相贯线水平投影可见与不可见的分界点。

　　在图 3-25(c) 所示的侧面投影中，从圆的中心向圆锥面外形轮廓作垂线，与圆相交于两点，交点即为相贯线上最右两点 V，VI 的侧面投影 $5''$，$6''$。过 V，VI 作一辅助水平面 P_2，切圆柱为两直线，切圆锥为一个圆，直线与圆的交点即为 5，6，进而求得 $5'(6')$。

　　(2) 求一般点。根据需要，可在适当位置再作一些辅助水平面，求出相贯线上的其他一般点，作图方法同(1)。

　　(3) 判别可见性按次序光滑连接各点的同面投影，如图 3-25(d) 所示。因为相贯线前后对称，故其正面投影重合在一起；水平投影中由于圆柱面的下半部分不可见，故以相贯线上 III，IV 两点的水平投影 3，4 为分界点，不可见部分画虚线，可见部分画实线。

3.4.3　相贯线的特殊情况

　　两回转体相交，一般情况下相贯线为封闭的空间曲线。但在某些特殊情况下，也可能是平面曲线或直线。掌握了这些情况就可以直接判别相贯线的投影，从而简化作图，提高作图效率。

　　(1) 当两个回转体轴线相交，且外公切于一个球面时，这两个曲面的相贯线为椭圆曲线，当两回转体的轴线同时平行于一个投影面时，则相贯线的正面投影积聚为两条相交直线，如图 3-26 所示。

图 3-26　相贯线的特殊情况(一)

　　(2) 两个同轴回转体(即轴线在同一直线上的两个回转体)的相贯线是垂直于轴线的圆，如图 3-27 所示。

（3）两个共锥顶的圆锥的相贯线是一对相交直线；两个轴线平行的圆柱的相贯线是一对平行直线，如图 3-28 所示。

3.4.4　相贯线的简化画法

在机械制图中，当不需要精确画出相贯线时，可采用简化画法。

1. 用圆弧代替非圆曲线

如图 3-29（a）所示，两圆柱轴线垂直相交，其相贯线的投影可以用一段圆弧来代替，该圆弧的圆心位于小圆柱的轴线上，半径为大圆柱的半径。

2. 用"模糊"画法表示相贯线

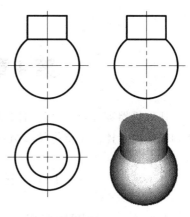

图 3-27　相贯线的特殊情况（二）

如图 3-29（b）所示，圆柱与圆台相贯，只要求在图样上将相贯体的形状、大小和相对位置清楚地表示出来即可，因为相贯线在生产过程中会自然形成。这种简化画法既真实又模糊，可以满足生产实际中的设计要求。

图 3-28　相贯线的特殊情况（三）

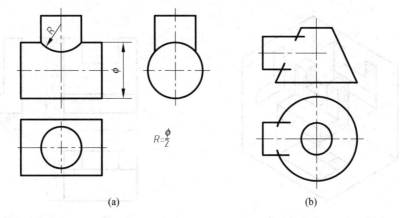

$R = \dfrac{\phi}{2}$

(a)　　　　　　　　　　　　　(b)

图 3-29　相贯线的简化画法

第4章 组合体的视图

任何机器零件,从几何形体角度而言,都可看作由若干基本体或简单体经过一定的方式构成的组合体。本章将学习组合体的画图、看图及尺寸标注等内容。

4.1 三视图的形成及投影规律

4.1.1 三视图的形成

1. 三视图的形成

用正投影法绘制出的物体的图形称为视图。

为了准确地表达物体的形状,将物体置于如图 4-1 所示的三投影面体系的第一分角内,并使其处于观察者与投影面之间,分别向 V,H,W 面投射,即可得到第一分角画法的三个视图,分别称为主视图、俯视图和左视图。

主视图——由前向后投射,在 V 面所得到的视图。

俯视图——由上向下投射,在 H 面所得到的视图。

左视图——由左向右投射,在 W 面所得到的视图。

其中主视图应尽量反映物体的主要形状特征。

2. 三视图的配置

将三投影面体系中的三个投影面展开后,便可得到如图 4-2 所示的三视图的配置。以主视图为准,俯视图在它的正下方,左视图在它的正右方。画三视图时,应按上述规定配置。按规定配置的三视图不需要标注视图的名称及投影方向。

由于视图所表示的物体形状与物体和投影面之间的距离无关,绘图时可省略投影面边框线及投影轴(图 4-2)。

图 4-1 三视图的形成

图 4-2 三视图的配置

4.1.2　三视图间的对应关系

1. 三个视图的三等关系

如图 4-2 所示,主视图反映了物体的长度和高度,俯视图反映了物体的长度和宽度,左视图反映了物体的宽度和高度。展开后的三视图之间存在:主、俯视图长度相等,即"长对正";主、左视图高度相等,即"高平齐";俯、左视图宽度相等,即"宽相等"。"长对正,高平齐,宽相等"是三视图的投影规律。三视图之间的三等关系不仅适合于整个物体的投影,也适合于物体上每个局部结构的投影。

2. 视图与物体的方位关系

方位关系是指当观察者面对 V 面看图时,物体的上下、左右、前后六个方位在三视图中的对应关系。主视图反映了物体的上下和左右关系,俯视图反映了物体的前后和左右关系,左视图反映了物体的上下和前后关系,如图 4-3 所示。

图 4-3　视图与物体的方位关系

需要特别注意的是:俯、左视图除了反映宽度相等以外还具有相同的前后对应关系。以主视图为基准,俯、左视图中靠近主视图的一侧,均表示物体的后面,远离主视图的一侧,均表示物体的前面。弄清楚三个视图六个方位的关系,对绘图、读图、判断物体之间的相对位置十分重要。

4.2　组合体及其形体分析法

4.2.1　组合体的构成方式及其表面结合形式

1. 组合体的构成方式

组合体是由基本形体构成的。组合体按其构成方式的不同,可分为叠加类、挖切类和综合类。叠加类通常指该形体由若干基本体或简单体经过直接的堆合而形成,如图 4-4(a)所示。挖切类主要指该形体是由某个基本体经过若干次切割、穿孔而形成,如图 4-4(b)所示。综合类是指该形体是综合应用叠加与挖切的方法而形成,如图 4-4(c)所示。

(a)　　　　　　　　　　(b)　　　　　　　　　　(c)

图 4-4　组合体构成方式

(a)叠加类;(b)挖切类;(c)综合类

2. 表面结合形式

各基本体在组合过程中,其表面间的结合形式有平齐(共面)、相交和相切三种情况。

平齐是指两基本体表面间(平面与平面或曲面与曲面)共处同一面的位置,如图 4-5(a)所示。

相交是指两基本体表面(平面与平面、曲面与曲面或平面与曲面)之间直接交合,相交处有交线,如图 4-5(b)所示。

相切是指两基本体表面(平面与曲面或曲面与曲面)之间光滑过渡,相切处无线,如图 4-5(c)所示。

图 4-5　组合体表面结合形式

4.2.2　形体分析法与线面分析法

1. 形体分析法

形体分析法是假想把组合体分解成若干个基本体,经叠加或挖切等方式组成,并分析这些基本体的形状、大小、相对位置及表面结合形式,从而得到组合体的完整形体。这种方法可以帮助我们深入地了解形体,是使复杂形体简单化的一种思维方法。在画图、看图和尺寸标注过程中,常常要运用形体分析这一基本方法。

图 4-6(a)所示的轴承座,可假想分解为四个部分,如图 4-6(b)所示。底板可看成是

图 4-6　轴承座的形体分析

一个长方体,其 4 个侧棱被倒成了圆角,并挖去了 4 个圆孔,下部中间位置开有方槽;座子为一个挖去半圆柱槽的长方体,位于底板上面的正中部位;两个肋板均为三棱柱,对称地分布在底板上面座子的两侧。

2. 线面分析法

在绘制或阅读组合体视图时,对比较复杂的组合体通常在运用形体分析法的基础上,对不易表达或难懂的局部,有时需要结合线、面的投影进行分析。如分析组合体的表面形状、组合体上面与面的相对位置、组合体的表面交线等,来帮助表达或读懂这些局部的形状。这种方法称为线面分析法。

下面接合两个实例谈谈线面分析法的应用。

如图 4-7(a)所示,已知组合体的三视图,现在要构思组合体的形状。分析思路如下:该形体的基本体是一个长方体,但被一些平面切割后,产生了较复杂的交线。先将主视图分成几个线框,再找出对应投影。主视图中线框 a',在俯视图中有与其长对正的类似形线框 a,而在左视图中找不到与其高平齐的类似形线框,它必对应积聚性斜线 a'',这说明 A 面是侧垂面。线框 b' 和 c' 按长对正在俯视图上均找不到类似形线框,只能找到线段 b,c,说明 B,C 均是正平面,其左视图也各是一直线。线框 d 在主视图上找不到与其对应的类似形线框,它必对应积聚性线段 d',说明 D 面是水平面。由此可以构思出该形体,如图 4-7(b)所示。

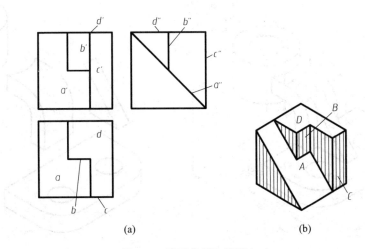

图 4-7　线面分析法读图(一)

再如图 4-8(a)所示,同样可以采用线面分析法根据三视图构思该立体。该形体的基本体是一个长方体,由 R 面为侧垂面可知,在长方体前方切去一角,形成直角梯形棱柱。然后看主视图上的 V 形槽,V 形槽的两个侧面 P 和 Q 是正垂面,P 和 Q 的交线为正垂线,P,Q 和 R 面的交线均为一般位置直线。由此构思出如图 4-8(b)所示的立体形状。

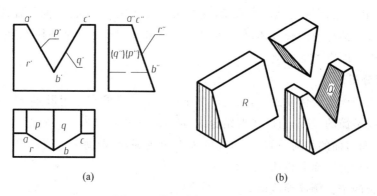

(a)　　　　　　　　　　　　　　(b)

图 4-8　线面分析法读图(二)

4.3　组合体三视图画法

画组合体的视图时,通常要先对组合体进行形体分析,了解其组合情况,再选择合适的方向作为主视图的投影方向,然后按投影关系,画出组合体的各个视图。现以图 4-9 所示的支架为例,讨论其作图过程。

(a)　　　　　　　　　　　　　　(b)

图 4-9　支架立体图及形体分析

4.3.1　形体分析

图 4-9 所示的支架由底板Ⅰ、空心圆柱体Ⅱ、支承弯板Ⅲ和肋板Ⅳ组合而成。支架的宽度方向有前、后对称面,支承弯板的右上部与空心圆柱体侧表面的中部直接相交;支承弯板的左下部与底板相叠加,且右侧面处平齐;肋板的斜面与支承弯板上的圆柱面相切,与底面相交。

4.3.2　视图选择

1. 主视图选择

主视图是表达组合体的一组视图中最主要的视图,人们在画图或读图时总是先从主视图开始入手。主视图的选择应考虑能尽量反映出组合体的形体特征,就是说所选的主视图应能较清楚或较多地反映组合体各组成部分的形状特征及相对位置。

在图 4-9(a)中,将支架按自然位置安放后,对由箭头 A,B,C,D 四个方向投影所得的视图进行比较,确定主视图。

如图 4-10 所示,在这四个方向投影中,空心圆柱与底板的变化不大,而支承弯板和肋板从 A 或 C 方向投影时,则较好地反映出其形状特征,且四个部分的相对位置关系也能较清楚地表达出来。若选 D 向作为主视图,则虚线较多。B 向要比 D 向清楚些,但各组成部分的形状(特别是支承弯板和肋板形状)和相对位置表达得不充分。选 C 向作为主视图虽然和 A 向没有太多差别,但在画左视图时会出现较多虚线。比较而言,选 A 向作为主视图的投影方向最好。

A 向　　　　　　B 向　　　　　　C 向　　　　　　　D 向

图 4-10　主视图投影方向选择

2. 其他视图的确定

在主视图的位置与投影方向确定后,俯视图和左视图的投影将随之确定。实际应用中,其他视图的数量多少与所表达的对象有关,应尽量做到图形少、表达清楚。

4.3.3　画图步骤

在对组合体作充分了解的基础上(如上面所进行的形体分析与视图选择),其三视图的具体画法过程如下:

(1) 选比例、定图幅。根据形体大小和复杂程度,选取合适的、符合国标的图幅和比例。

(2) 图面布置。按视图数量、图幅和比例,均匀地布置视图位置。先确定各视图中起定位作用的对称中心线、轴线和其他直线的位置。

(3) 画底稿。根据形体分析法得到的各基本体的形状及相对位置,逐一画出各基本体的视图。在逐个画基本体时,应做到先主要后次要;先整体后局部;几个视图结合起来画。特别要注意处理好各基本体投影时相互遮挡和表面间的连接问题。对形状较复杂的局部,例如具有相贯线和截交线的地方,适当作线面分析,以帮助想象和表达,减少投影图中的疏误。

(4) 检查、加深。底稿完成后,要仔细检查,修正错误,擦去多余图线,再按规定线型逐一加深。

4.3.4　画图举例

画出图 4-9 所示支架的三视图。

该支架的形体分析、视图选择前面均已作了详细分析,按其所确定的尺寸大小。

作图：如图 4-11 所示。

图 4-11　支架三视图的作图过程

(1) 如图 4-11(a)所示,画底板基本外形(长方体)的三视图,其在图中的位置要兼顾另外几个形体;

（2）如图 4-11(b)所示，按底板左端面与空心圆柱体轴线之间的距离 105，以及底板底面与圆柱体顶面之间的距离 72，画出空心圆柱体的三视图；

（3）如图 4-11(c)所示，根据支承弯板的底面与底板的顶面相叠合，右上部与空心圆柱相交，画出支承弯板的三视图；

（4）如图 4-11(d)所示，按照肋板的斜面与底板相交与支承弯板的柱面相切，画肋板的三视图，图中不画切线的投影；

（5）如图 4-11(e)所示，画底板的细部结构(孔和圆角)；

（6）最后进行校核和加深，作图结果如图 4-11(f)所示。

对切割式组合体而言，一般是一基本形体经过一系列截切面(平面或曲面)切割而成的，其画法与上有所不同。首先仍是分析形体，分析该组合体在没有切割前完整的形体：由哪些截切面切割，每一个截面的位置和形状；然后逐一画出每一个切口的三面投影，如图 4-12(f)所示组合体是一个半圆柱体经过若干次切割而成。图 4-12(a)～(e)为该组合体的画图过程。

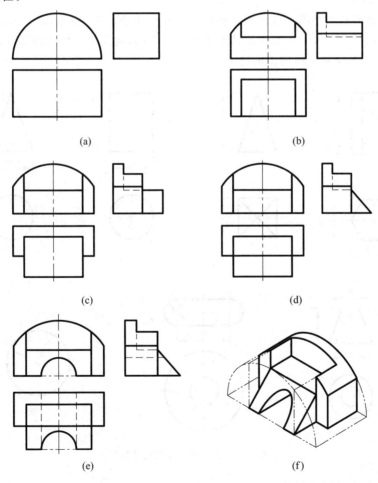

图 4-12　切割式组合体的作图过程

（a）基本体为半圆柱；（b）截切两边、中间开槽；（c）挖切前端部；
（d）前端部形成斜坡；（e）底部挖去半圆孔，完形；（f）完形后的立体图

4.4　组合体尺寸注法

视图只能表达组合体的形状。组合体各部分的真实大小及相对位置要通过标注尺寸来确定。标注组合体尺寸的基本要求是：正确、完整、清晰。正确是指符合国家标准规定，如前面所讨论的平面图形尺寸标注的要求，都适合于组合体的尺寸标注。因此，本节主要学习在标注组合体尺寸时如何达到完整和清晰的要求。

4.4.1　标注尺寸要完整

为了准确表达组合体的大小，图样上的尺寸要标注完整，既不能遗漏，也不能重复。形体分析法是保证组合体尺寸标注完整的基本方法。图样上一般要标注出组合体必需的定形尺寸、定位尺寸和总体尺寸。

1. 定形尺寸

确定形体形状大小的尺寸称为定形尺寸。在三维空间中，定形尺寸一般包括长、宽、高三个方向的尺寸。由于各基本形体的形状特点不同，因而定形尺寸的数量也各不相同，图 4-13 所示为常见基本体所需的尺寸。

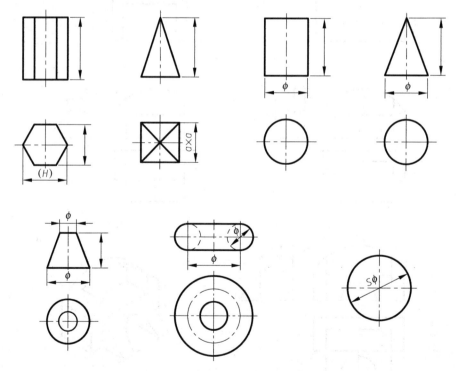

图 4-13　常见基本体的尺寸标注

2. 尺寸基准和定位尺寸

标注尺寸的起点就是尺寸基准。在三维空间中应该有长、宽、高三个方向的尺寸基准,每个方向需有一个主要基准,可以有若干个辅助基准。一般采用组合体的对称面、轴线和较大的平面作为尺寸基准,如图 4-14 所示。

定位尺寸是确定形体间相对位置的尺寸。两个形体间应该有三个方向的定位尺寸,如图 4-15 所示。若两形体间在某方向处于叠加(或挖切)、共面、对称、同轴的情况之一时,就可省略一个定位尺寸,如图 4-16 所示。

图 4-14　组合体尺寸基准

图 4-15　组合体的定位尺寸

3. 总体尺寸

为了表示组合体所占体积的大小,一般需标注组合体的总长、总宽和总高,称为总体尺寸。有时形体尺寸就反映了组合体的总体尺寸,如图 4-17 所示,底板的长和宽就是该组合体的总长和总宽,因此不必另外标注,否则需要调整尺寸。因按形体标注定形尺寸和定位尺寸后,尺寸已完整,若再加注总体尺寸就会出现多余尺寸,必须在同方向减去一个尺寸。如图 4-17 中,在高度方向上,加注总高尺寸后,应去掉一个基本体的高度尺寸,因此图中去掉了圆柱体的高度尺寸。

图 4-16　定位尺寸的省略比较图

(a) 一般情况;(b) 对称;(c) 表面平齐

图 4-17　调整总体尺寸

当组合体的端部不是平面而是回转面时,该方向一般不直接标注总体尺寸,通常由确定回转面轴线的定位尺寸和回转面的定形尺寸(半径或直径)来间接确定,如图 4-18 所示。

图 4-18　不直接标注总体尺寸的图例

4.4.2　标注尺寸要清晰

清晰是指尺寸标注的位置排列清楚,便于看图。通常需要考虑以下几个方面。

1. 尺寸应尽量标注在形状特征明显的视图上

如图 4-19(a)所示形体的中下部燕尾槽处的尺寸标注,标注在主视图上就比标注在俯视图上好。对直径尺寸不要注写半径值,同轴回转体的直径应尽量标注在投影为非圆的视图上。而半径尺寸或定位圆尺寸应标注在投影为圆弧或圆的视图上,如图 4-19(b)中所作的比较。尺寸尽量不要标注在虚线上。

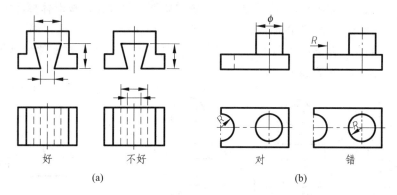

好　　　　　　不好　　　　　　对　　　　　　错

(a)　　　　　　　　　　　　　　(b)

图 4-19　考虑形状特征标注尺寸

2. 同一基本体的定形尺寸及有关联的定位尺寸应尽量集中标注(图 4-20)

3. 标注尺寸要排列整齐

同一方向上几个连续尺寸应尽量标注在同一条尺寸线上,如图 4-21 所示。要避免尺寸线与另一尺寸界线相交。

4. 截交线与相贯线上不标注尺寸

平面截切立体时,当截平面的位置一旦确定,截交线自然产生,故不应标注截交线本身的形状尺寸,只需标注确定截平面的位置尺寸;对相贯线而言,当两立体的形状、大小、相对位置确定时,相贯线随之确定,故也不应在相贯线上标注尺寸,如图 4-22 所示。

图 4-20　相关联的尺寸应集中标注

图 4-21　标注尺寸要排列整齐

图 4-22　截交线与相贯线上不标注尺寸

4.4.3　组合体尺寸标注步骤及标注示例

下面以图 4-23(a)所示的立体为例,说明标注组合体尺寸的步骤与方法。

图 4-23　组合体立体及分解图

1. 形体分析,初步考虑各基本体的定形尺寸

根据前面所述的形体分析法,该组合体可分解为四个简单立体如图 4-23(b)所示,各基本体的尺寸如图 4-24 所示。

2. 选定尺寸基准

该组合体高度方向可以底板的底面为主要尺寸基准;宽度方向以前后对称面为基

准,长度方向以底板右端面为主要基准,如图 4-25(a)所示。

图 4-24　各基本体的尺寸标注

(a)

(b)

图 4-25　组合体的尺寸标注步骤

(a) 选定基准;(b) 标注定形尺寸;(c) 标注定位尺寸;(d) 调整总体尺寸及完成尺寸标注

(c)

(d)

图 4-25 （续）

3. 逐个标注各个基本体的定形和定位尺寸

如图 4-25(b)和(c)所示。

4. 调整总体尺寸

标注完各基本体的定形、定位尺寸后,要对每个方向的总体尺寸作必要的调整,注意不要额外多加尺寸,如图 4-25(d)所示。

5. 检查

最后,对已标注的尺寸,按正确、完整、清晰进行检查,如有遗漏或不妥,再作补注或适当的修改。

4.5　组合体视图的看图方法

看图是画图的逆过程,画图是把空间的组合体用正投影法表示在平面上,而看图则是根据已有的视图,运用投影规律,想象出组合体的空间形状。

4.5.1　看图要点

1. 要从反映形体特征的视图入手,几个视图联系起来看

一个组合体常需要两个或两个以上的视图才能表达清楚,其中主视图通常是最能反映组合体的形体特征和各形体间相互位置的。因而在看图时,一般从主视图入手,几个视图联系起来看,才能准确识别各形体的形状和形体间的相对位置,切忌看了一个视图就轻易下结论。一个视图不能唯一确定组合体的形状,如图 4-26 所示。某些情况下,两个视图也不能唯一确定组合体的形状,如图 4-27 所示。

图 4-26　一个视图不能唯一确定物体形状的示例

图 4-27　两个视图不能唯一确定物体形状的示例

2. 要明确视图中线框、图线的含义,识别形体表面间的相互位置

视图中每个封闭线框表示物体上某个表面(平面或曲面)的投影。如图 4-28 所示,主视图中 a' 处为圆柱面的投影,b' 处为平面的投影,c' 处为圆柱面及切平面的投影。俯视图中封闭线框 d 为立体顶部平面的投影。

视图中的每条图线可能表示三种情况：

（1）平面或柱面的积聚性投影，如图 4-29 中的 Ⅲ；

（2）面与面（平面与平面；平面与曲面；曲面与曲面）交线的投影，如图 4-29 中的 Ⅱ；

（3）曲面投影的转向轮廓，如图 4-29 中的 Ⅰ。

图 4-28　视图封中闭线框表示一个面

图 4-29　视图中图线的含义

看图时对形体各表面间的相互位置的识别也是非常重要的。当组合体某个视图出现几个线框相连，或线框内还有线框时，通过对照投影关系，区分出它们的前后、上下、左右和相交等位置关系，帮助想象形体，如图 4-30 所示。

图 4-30　分析表面间的相对位置

3. 要把想象中的形体与给定的视图反复对照

看图的过程是不断把想象中的形体与给定视图进行对照的过程，或者说看图的过程是不断修正想象中的组合体的思维过程。既要做到视图中的每条图线都与想象中的形体相对应，同时也要保证想象中形体的投影轮廓与给定视图不发生矛盾，切不可轻易下结论。现以图 4-31 为例分析。

图 4-31　把想象中的形体与给定的视图认真对照

由图 4-31(a)所给定的两个视图去想象空间形体,粗略看一般可认为是一个圆筒,左侧面中部安置一个开槽的长方体所构成的组合体,且长方体的宽度与圆筒外直径相同,如图 4-31(b)所示。仔细分析则不然,因为若按所想象的形体,长方体底平面(水平面)与圆柱相交的交线为半圆,主视图上的投影(I 处)应有一条直线段,故 II 处不应再为圆柱,实际形状如图 4-31(c)所示。

4.5.2　看图的方法

1. 用形体分析法看图

形体分析法同样也是看图的基本方法,这时虽不能直观得出组合体的组合情况,但仍然可通过所给定的视图分解为若干部分,通过划分线框、对照投影,找出各视图中的相关部分,分别想象出各部分的形状,然后综合起来把各个组成部分按图示位置加以组合,构思出立体的整体形状,下面以图 4-32 为例说明看图具体步骤。

1) 分线框、对投影

从主视图入手,按照投影原理,几个视图联系起来看,把组合体大致分成几个部分。如图 4-32(a)所示,由所给定的视图可看出该组合体大体由 A,B,C,D 四部分组成。

2) 识形体、定位置

根据每一部分的视图想象出形体,并确定它们的相互位置,如图 4-32(b)～(e)所示。

3) 综合起来想整体

确定各个形体及相互位置后,整个组合体的形状也就清楚了,如图 4-32(f)所示。此时需要把看图过程中想象的组合体与给定视图的各部分逐个对照检查。

【例】　根据图 4-33(a)所示的主、俯视图,想象出它的形状,补画左视图。

分析:根据所给的主、俯视图,通过画线框对投影,可看出该立体由三部分组成,A 处的基本形体为长方体,B 处为半个圆筒,安放在 A 的上后方位置,C 处为 U 形状的小凸台,与 B 相交,位置在前面。

作图:见图 4-33(b)～(d)所示,逐个分析各个组成部分的具体形状,分别画出其左视图,画图时需注意形体间的表面连接关系,如形体 B 与 C 的表面交线,最后整理得出整体形状。

2. 用线面分析法看图

看图时对某些不便用形体分析法进行分析的物体(如某些切割体或组合体中某些复杂部位),可用线面分析法进行处理。根据封闭线框表示一个面和图线的三种含义逐个面或逐条线地进行分析,围成立体表面的每个面的投影都求出了,整个物体的投影也就解决了。

如图 4-34(a)所示,根据所给的两个视图想象其形状,补画第三视图。分别对照主、俯视图可看出,该立体是在一个长方体的基础上被截平面(一个正垂面和一个铅垂面)截切两次而形成的。通过画线框对投影,主视图上封闭线框(五边形)$1'2'3'4'5'$,对应在俯视图上是一条直线,根据该五边形(铅垂面)的两个投影,很容易求出它的侧面投

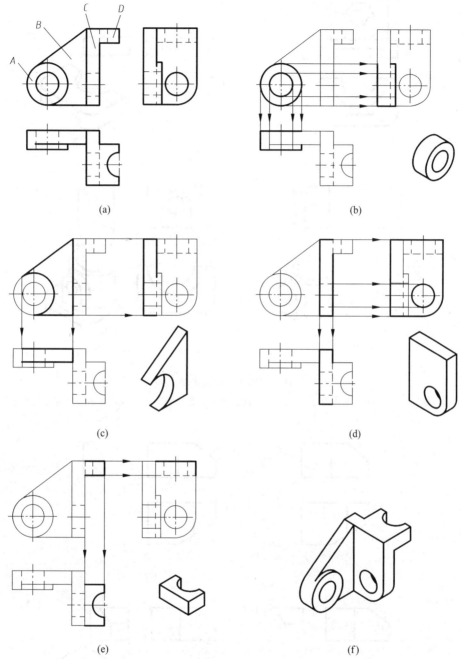

图 4-32　根据给定视图想象组合体空间形状

(a) 看图实例；(b) 想象形体 A；(c) 想象形体 B；(d) 想象形体 C；

(e) 想象形体 D；(f) 综合起来想整体

影 $1''2''3''4''5''$，见图 4-34(b)所示。同理可求出四边形（正垂面），水平投影为 4567 的侧面投影，见图 4-34(c)所示。最后考虑没有被完全截切的长方体侧表面的投影情况，可得出该物体的左视图及物体整体形状，见图 4-34(d)所示。

图 4-33　用形体分析法求第三投影

(a) 题目；(b) 补画形体 A 的左视图；(c) 补画形体 B、C 的左视图；(d) 完成左视图、想象空间形状

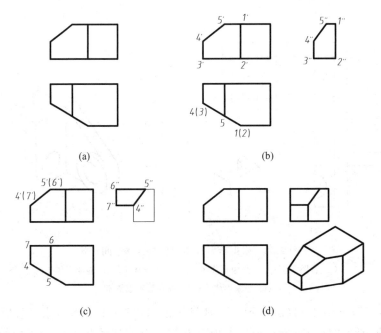

图 4-34　用线面分析法求第三投影

(a) 题目；(b) 补画五边形的侧面投影；(c) 补画四边形的侧面投影；(d) 完成左视图、想象空间形状

4.6　组合体构形设计

根据已知条件构思组合体的形状、大小并表达成图形的过程称为组合体的构形设计。

组合体的形体构形设计的目的,主要是培养根据一个视图利用基本几何体构思组合体的形状,进一步提高空间构思能力和看图能力。

4.6.1　组合体的构形原则

进行组合体构形设计时,必须考虑以下几点:

(1) 组合体的构形应基本符合工程上物体结构的设计要求。

(2) 构形应符合物体结构的工艺要求且便于成形。组成组合体的各基本体应尽可能简单,一般采用常用回转体和平面立体,尽量不用不规则曲面,这样有利于画图、标注尺寸及制造。所设计的组合体在满足功能要求的前提下,结构应简单紧凑。

(3) 组合体的各形体间应互相协调、造型美观,构形应体现稳定、平衡或静中蕴动等造型艺术效果。

(4) 构形应具有创新性。在满足要求的条件下,构形应充分发挥空间想象能力,设计出具有多种不同风格且结构新颖的形体。

4.6.2　组合体构形设计的方法

1. 构形设计

根据给出的一个或两个视图,构思出不同结构的组合体的方法,称为构形设计。由于一个视图不能完全确定物体的形状,则根据物体的一个视图就可以构思出不同的形体。如图 4-35(a)所示,按所给的俯视图构思组合体,由于俯视图含六个封闭线框,上表面可有六个表面,它们可以是平面或曲面,其位置可高、可低、可倾斜,整个外框可表示底面,可以是平面、曲面或斜面,这样就可以构思出许多方案。如图 4-35(b)、(c)、(d)所示。

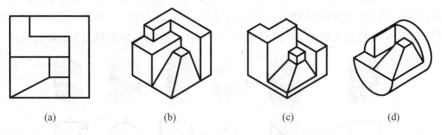

(a)　　　　　　(b)　　　　　　(c)　　　　　　(d)

图 4-35　由俯视图构思三种不同形状的物体

有时,即使给出了物体的两个视图也不能完全确定其形状。如图 4-36(a)所示,由于给出的主、俯两视图没有表达出各组成部分的位置特征,因此它的形状不是唯一的,由此可构思出不同的形体,如图 4-36(b)、(c)、(d)所示。

2. 切割法设计

给定一基本体,经过不同的切割方式而构成不同的组合体的方法称为切割法设计。如图 4-37 所示主、俯视图,可以表达多种组合体,可以认为由一个四棱柱或圆柱体分别经

图 4-36　三种不同的左视图

一到五次切割获得,可分别用五个左视图表示。

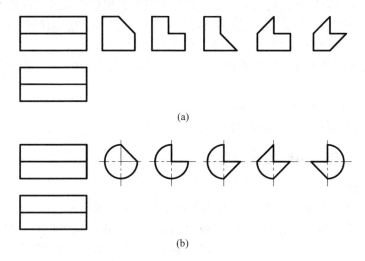

图 4-37　基本体切割后构成的组合体

　　将一个立体进行一次切割即得到一个新的表面,该表面可以是平面、曲面,可凸、可凹等,变换切割方式和切割面间的相互关系,即可生成多种组合体。如图 4-38(a)所示圆柱体,若将其顶面用不同的方式切割,可得到如图 4-38(b)所示的多种形体,但其俯视图均为圆形。

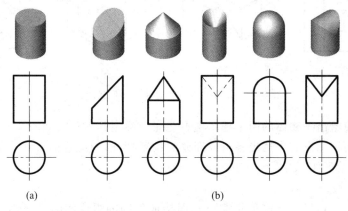

图 4-38　圆柱一次切割后构成的几何体

3. 叠加法设计

组合体可由多个基本形体叠加而成。如图 4-39(c)所示有四个基本形体,它们可叠加组合形成多种形体,如图 4-39(a),(b)所示为其中两种叠加组合方案。

（a）　　　　　　　　　　（b）　　　　　　　　　（c）

图 4-39　叠加法设计组合体

4.6.3　形体构形设计应注意的问题

（1）组合体各组成部分应牢固连接,两个形体组合时不能是点接触、线接触或面连接。如图 4-40(a)所示形体间为点接触,图 4-40(b)所示形体为线接触,图 4-40(c)为面接触,这些都是错误的。

（2）封闭的内腔不便于成形,一般不要采用。如图 4-41 所示。

（a）　　　　　　　　（b）　　　　　　　　（c）

图 4-40　构形设计错误示例　　　　　　图 4-41　形体组合中不要
（a）点接触；（b）线接触；（c）面接触　　　　　　　出现封闭的内腔

4.7　图视思维看图

"图视思维"是作者经过多年的教学实践总结出的看图方法。图视思维介绍的是如何根据已知视图的特点,想象形状的思维基础。指导看图思维的基本方法是形体分析法和线、面分析法,作者通过几个典型看图题例的剖析,借以克服看图时纯凭经验想象的缺点,开阔看图思路,培养空间思维的敏感性,从而培养空间形体构思的创新能力。"图视思维"看图方法介绍了默思画图、物体变位、仿形设计、一面视图的构形、组合构形,构形分向穿孔、构形配孔、凹凸构形和切割与组合的构形共九种空间形体的构思和表达方法,以模拟实际的构形与设计。"图视思维"看图方法充分利用了模拟仿真技术,对空间形体进行广泛的构思和彼此联想,剖析了一些复杂的组合体,因而具有新颖性、独特性和创造性,对于培养创造性空间想象能力、思维能力和图视能力起到了非常好的启发作用。

1. 默思画图

默思画图是根据给定的模型或立体图,在规定的时间内完成观察立体形状,然后取走模型或立体图,根据记忆中的立体表象,把三视图画出来。为了记牢立体形状,必须运用形体分析法仔细地观察物体,确定基本形体组成的数量、相对位置以及组合形式(叠加、挖切、相交或相切),并确定每一部分的特征形体。应用识记方法,在大脑中形成完整立体表象,然后在没有实物的情况下,再现立体形状,并画出其三视图。默思画图举例如图4-42所示的立体。

图 4-42　默思画图图例

2. 凹凸构形

组合体的组合方式有叠加和挖切,在基本体上挖切使表面下凹或形成内孔,基本体的叠加使表面凸起。所谓凹凸构形是根据给定物体的凹凸关系,构思一个物体与给定物体的凹凸形式相反,两者相配使之成为一个完整体,并画出其三视图。

例如根据图 4-43(a)给出的三视图,设计一个物体与其相配,并画出其三视图(图4-43(b))。逆向想象,即将空腔想为实体,将实体想为空腔部分,凹设计为凸,凸设计为凹。这种思维方式,可以开发学习者的逆向思维能力,培养图视能力。

3. 仿形设计

仿形设计就是仿照已知物体的结构特点,根据已知的一面视图,设计类似的物体,并画出其他两面视图。如图4-44(a)所示物体的结构特点,根据俯视图,进行仿形设计。设计的步骤为:

(1) 读懂所给物体的视图(图 4-44(a)),了解已知物体的结构特点。

(2) 根据图 4-44(b)的俯视图进行构形。

(3) 比较图 4-44(a),(b)的俯视图,可以发现两者均有相类似的线框 *1*,*2* 和 *3*,因而

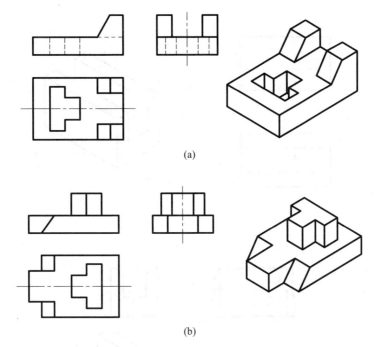

(a)

(b)

图 4-43　凹凸构形设计

可构思确定所设计的物体也是前后高、中间低且有通孔的形状,只是中间的圆孔变成了长圆形孔,两侧的平面变成了长圆柱面,其立体形状如图 4-44(b)所示。最后画出主、左视图。

4. 组合构形

组合体是由各种基本体按不同的组合方式和相对位置组合而成的,相同的基本体,组合方式和相对位置不同,就可构成不同的形体。所谓组合构形就是根据已知的几个基本体,构形既反映这些基本体的形状和大小,又能组成一整体,如图 4-45(b),(c)所示的两组三视图,就是由 4-45(a)所示的三个基本体构成的。

5. 拉伸设计

拉伸法适合于形体在某一方向投影具有积聚性的柱状物体,它是将图形沿某一方向拉伸进行构思的。根据组合体各形体特征形状的方向,拉伸法又可以分为两类。

(1) 分层拉伸法。当各形体的特征线框都集中在某一视图上时,可将各形体按层次同方向拉伸,此时应先设想把该视图归位(俯、左视图需旋转后再归位),再分别把各特征线框沿其投射方向拉伸给定的距离,即形成多层的柱状体。

如图 4-46(a)所示,对照三视图的投影关系,可知该组合体的两形体的特征线框 $1''$,$2''$均集中在左视图。因此先设想把左视图旋转归位,并把特征线框所示的平面向左分别拉伸,其拉伸长度为主视图所给定尺寸 X_1 与 X_2,于是就得到图 4-46(b)所示物体的形状。

(2) 分向拉伸法。当各形体的特征线框分别位于不同视图上时,设想分别把各特征线框所在的视图归位,并沿各自相应的方向拉伸,最后形成具有不同方向特征形状的柱状

(a)

(b)

图 4-44　仿形设计构形

类物体。

图 4-47(a)所示,对照已知两视图的投影关系,可知俯视图线框 *1*、主视图线框 *2′* 是该物体的特征线框。想象时先把俯视图归位,并将特征线框 *1* 从水平面位置往上拉伸高度 *H*,形成燕尾槽体 *I*;再按俯视图的位置关系把主视图的线框 *2′* 从形体 *I* 的前端向前拉伸宽度 *B*;物体形状即构思产生,如图 4-47(b)所示。

6. 类似形线框的对应关系

对于缺口形体形成的类似形线框中的缺口方向是读图的一个难点。例如图 4-48(a)主视图中的线框 *1′*,对应俯视图线框 *1*,两个线框都是可见线框(实线框),所以主、俯视图的 V 形缺口方向一致,即实、实线框对应,线框方向同向性。显然图 4-48(b)的画法是错误的。

根据这个规律还可以推导出另外两个规律。如图 4-49(a)中的主视图中的实线框是可见线框 *1′* 与不可见线框 *2′* 相重合,不可见线框 *2′* 对应不可见线框 *2*,所以主、俯视图 V 形缺口方向相同。即虚、虚线框对应,线框方向同向性。显然图 4-49(b)的画法是错误的。

(a)

(b)　　　　　　　　　　　　　　(c)

图 4-45　组合构形

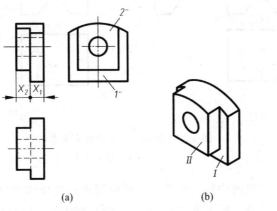

(a)　　　　　　　　　　(b)

图 4-46　分层拉伸法

图 4-47　分向拉伸法

图 4-48　类似形线框的对应关系(一)

(a) 正确；(b) 错误

图 4-49　类似形线框的对应关系(二)

(a) 正确；(b) 错误

如图 4-50(a)主视图中的实线框 *1′*，对应俯视图的虚线框 *1*，这两个线框的 V 形缺口方向正好相反，即虚、实线框对应，线框方向异向性。显然图 4-50(b)的画法是错误的。

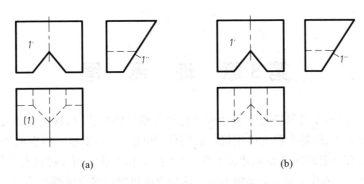

(a)　　　　　　　　　　　　　(b)

图 4-50　类似形线框的对应关系（三）

（a）正确；（b）错误

第5章 轴 测 图

前面讲述的多面正投影图能准确地表达机件各部分的形状、相对位置和大小,具有度量性好、作图简便等优点,是工程上应用最广的图样,如图 5-1(a)所示。但它的直观性差,缺乏立体感,必须具有一定的图学知识才能看懂。为此,工程上还常用一种富有立体感的单面投影图来表达物体,以弥补多面投影图的不足。这种单面投影图称为轴测图,如图 5-1(b)所示。

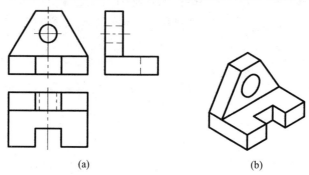

(a)   (b)

图 5-1　多面正投影与轴测投影的比较

轴测图能用一面投影同时反映立体长、宽、高三个方向的尺度,所以直观性好。但它不能真实反映立体的尺寸和形状。因此,在工程上常用作辅助图样。

本章主要介绍轴测图的基本知识以及正等轴测图和斜二等轴测图的画法。

5.1　轴测图的基本知识

5.1.1　轴测图的形成

图 5-2 表明了正投影图和轴测投影图的形成方法。假想将物体放在一空间直角坐标

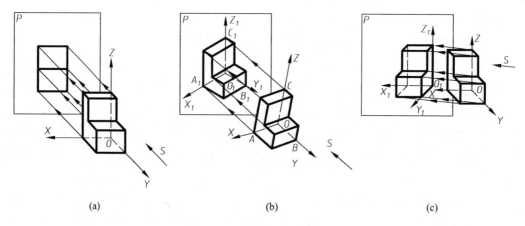

(a)   (b)   (c)

图 5-2　轴测图的形成

体系中,其坐标轴与物体上三条互相垂直的棱线重合,O 为原点。在图 5-2(a)中,物体的 XOZ 面与投影面 P 平行,投射方向 S 垂直于投影面,得到的投影为单面正投影图。

在图 5-2(b)中,将物体绕 O 点旋转,使物体的 X,Y,Z 轴均与投影面形成一个夹角,投射方向 S 仍垂直于投影面,这样得到的投影图称为正轴测投影图。

在图 5-2(c)中,物体的 XOZ 面仍与投影面 P 平行,改变投射方向 S,使它倾斜于投影面 P,这样得到的投影图称为斜轴测投影图。

在轴测投影中,投影面 P 称为轴测投影面,投射方向 S 称为轴测投射方向。

5.1.2　轴测图的轴测轴、轴间角及轴向伸缩系数

轴测轴:确定物体空间位置的参考直角坐标系的三根坐标轴 OX,OY,OZ 在轴测投影面上的投影 O_1X_1,O_1Y_1,O_1Z_1,称为轴测轴。

轴间角:相邻两轴测轴之间的夹角,即角 $\angle X_1O_1Y_1,\angle X_1O_1Z_1,\angle Y_1O_1Z_1$。

轴向伸缩系数:轴测轴上单位长度与相应空间直角坐标上单位长度之比。

X_1,Y_1,Z_1 轴的轴向伸缩系数分别用 p_1,q_1,r_1 表示,$p_1 = O_1A_1/OA,q_1 = O_1B_1/OB$,$r_1 = O_1C_1/OC$,如图 5-2 所示。

5.1.3　轴测图的投影特性

由于轴测投影采用的是平行投影,因此具有平行投影的基本特性:

(1)平行性:物体上互相平行的线段,在轴测图上仍然互相平行。

(2)定比性:物体上两平行线段或同一直线上的两线段长度之比,在轴测图上保持不变。

(3)从属性:直线上的点投影后仍在直线的轴测投影上;平面上的线段投影后仍在平面的轴测投影上。

(4)实形性:物体上平行于轴测投影面的直线和平面,在轴测图上反映实长和实形。

5.1.4　轴测图的分类

(1)根据投射方向与轴测投影面的相对位置关系可分为:

正轴测图:投射方向与轴测投影面垂直,即用正投影法得到的轴测图,如图 5-2(b)所示。

斜轴测图:投射方向与轴测投影面倾斜,即用斜投影法得到的轴测图,如图 5-2(c)所示。

(2)根据轴向伸缩系数的不同,又可分三种:

① 等轴测图。三个轴向伸缩系数都相等的轴测图,即 $p_1 = q_1 = r_1$。包括正等轴测图和斜等轴测图,简称正等测和斜等测。

② 二等轴测图。有两个轴向伸缩系数相等的轴测图,即 $p_1 = q_1 \neq r_1$,或 $p_1 = r_1 \neq q_1$,或 $p_1 \neq q_1 = r_1$。包括正二等轴测图和斜二等轴测图,简称正二测和斜二测。

③ 三轴测图。三个轴向伸缩系数均不相等的轴测图,即 $p_1 \neq q_1 \neq r_1$。包括正三轴测图和斜三轴测图,简称正三测和斜三测。

在工程上用得较多的是正等轴测图和斜二等轴测图,本章主要介绍正等轴测图和斜二等轴测图的画法。

5.2 正等轴测图

5.2.1 轴间角和轴向伸缩系数

在正等轴测图中,由于空间的三根坐标轴都倾斜于轴测投影面,所以三条轴向直线的投影都将缩短,即 p_1, q_1, r_1 小于1。正等轴测图中的三个轴间角相等,都是120°,如图5-3所示。根据理论计算,其轴向伸缩系数 $p_1 = q_1 = r_1 = 0.82$。为了便于作图,在画正等轴测图时,常采用各轴向的简化伸缩系数,即 $p_1 = q_1 = r_1 = 1$,这样沿轴向的尺寸就可以直接量取物体实长,但画出的正等轴测图比原投影放大 $1/0.82 \approx 1.22$ 倍。在作图时,Z 轴画成铅垂位置,X 轴与 Y 轴可以用 30°三角板画出。

图 5-3 正等轴测图的轴间角和轴向伸缩系数

5.2.2 平面立体正等轴测图的画法

绘制平面立体正等轴测图的方法,有坐标法、切割法和叠加法三种。

1. 坐标法

坐标法是画轴测图的基本方法。所谓坐标法就是根据立体表面上每个顶点的坐标,画出它们的轴测投影,然后连成立体表面的轮廓线,从而获得立体轴测投影的方法。下面举例说明用坐标法画正等轴测图的步骤。

【例 5-1】 如图5-4所示,已知正六棱柱的主、俯视图,求作正等轴测图。

作图:

图 5-4 正六棱柱的视图

(1) 在两视图上确定直角坐标系,坐标原点取正六棱柱顶面的中心(见图5-4);

(2) 画轴测轴,分别在 X, Y 方向上量取长度 A, B,再利用平行性及六边形边长作出顶面的轴测投影(见图5-5(a)和(b));

(3) 根据正六棱柱的高度,在 Z 方向截取 H,作出底面各点轴测投影(见图5-5(c));

(4) 连接各边与棱线,擦去作图线,即完成正六棱柱的正等轴测图(见图5-5(d))。

2. 切割法

切割法是对于某些以切割为主的立体,可先画出其切割前的完整形体,再按形体形成的过程逐一切割而得到立体轴测图的方法。

【例 5-2】 如图5-6(a)所示,已知一平面立体的三视图,绘制其正等轴测图。

分析:从投影图可知,该立体是在长方体的基础上,切去左上方的三棱柱及正前上方

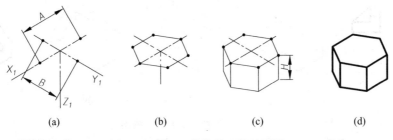

图 5-5 作正六棱柱的正等轴测图

的一个四棱柱后形成的。绘图时应先用坐标法画出长方体,然后逐步切去各个部分,绘图步骤如图 5-6 所示。

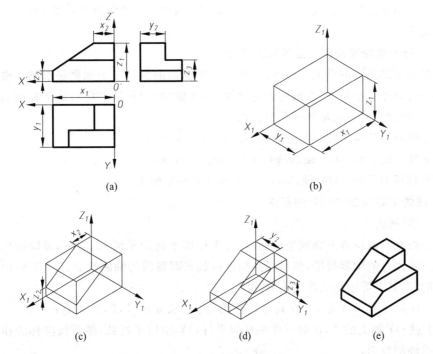

图 5-6 切割法作正等轴测图

(a) 定坐标;(b) 画长方体;(c) 切去左上角;(d) 切去前上角;(e) 整理完成全图

3. 叠加法

叠加法是对于某些以叠加为主的立体,可按形体形成的过程逐一叠加从而得到立体轴测图的方法。

【例 5-3】 作出图 5-7(a)所示平面立体的正等轴测图。

分析:该平面立体由底板、背板、右侧板三部分组成。利用叠加法,分别画出这三部分的轴测投影,即得到该平面立体的正等轴测图。其作图步骤如图 5-7 所示。

实际上,大多数立体既有切割又有叠加,在具体作图时切割法和叠加法总是交叉并用。

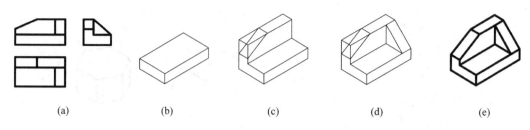

图 5-7　叠加法作正等轴测图

（a）三视图；（b）画底板；（c）画背板；（d）画右侧板；（e）擦去作图线，描粗加深

5.2.3　曲面立体的正等轴测图的画法

曲面立体表面除了直线轮廓线外，还有曲线轮廓线，工程中用得最多的曲线轮廓线就是圆或圆弧。

1. 平行于坐标面的圆的正等轴测投影

根据正等轴测图的形成原理可知，平行于坐标面的圆的正等轴测是椭圆。根据理论分析，坐标面（或其平行面）上圆的正等轴测投影（椭圆）的长轴方向与该坐标面垂直的轴测轴垂直，短轴方向与该轴测轴平行。即

水平椭圆的长轴$\perp OZ$轴，短轴$/\!/OZ$轴或在OZ轴上；

正平椭圆的长轴$\perp OY$轴，短轴$/\!/OY$轴或在OY轴上；

侧平椭圆的长轴$\perp OX$轴，短轴$/\!/OX$轴或在OX轴上。

2. 圆的正等轴测（椭圆）的画法

1）一般画法

对于处在一般位置平面或坐标面（或与坐标面平行的平面）上的圆，可以用坐标法作出圆上一系列点的轴测投影，然后光滑地连接起来即得圆的轴测投影。图 5-8（a）为一水平面上的圆，其正等轴测的作图步骤如下：

（1）首先画出X、Y轴，并在其上按直径大小直接定出$1,2,3,4$点；

（2）过OY轴上的A,B等点作一系列平行OX轴的平行弦，然后按坐标法作出这些平行弦的轴测投影；

（3）光滑地连接各点，即为该圆的轴测投影（椭圆），如图 5-8（b）所示。

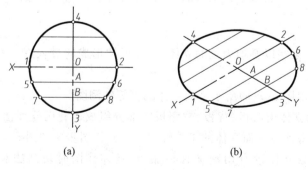

图 5-8　圆的正等轴测的一般画法

（a）水平面上的圆；（b）圆的轴测投影

2）近似画法

为了简化作图,该椭圆常采用菱形法近似画法,即用四段圆弧近似代替椭圆弧,不论圆平行哪个投影面,其轴测投影的画法均相同,如图 5-9 所示直径为 ϕ 的水平圆正等轴测投影的画法。作图步骤如下:

（1）先确定原点与坐标轴,并作圆的外切正方形,切点为 a,b,c,d,如图 5-9(a)所示;

图 5-9　菱形法的近似椭圆画法

（2）作轴测轴和切点 a_1,b_1,c_1,d_1,通过切点作外切正方形的轴测投影,即得菱形,并作菱形的对角线,如图 5-9(b)所示;

（3）过 a_1,b_1,c_1,d_1 作各边垂直线,得圆心 O_1,O_2,O_3,O_4,如图 5-9(c)所示;

（4）以 O_1,O_3 为圆心,O_1a_1 为半径,作圆弧 a_1d_1,b_1c_1;以 O_2,O_4 为圆心,O_2a_1 为半径,作圆弧 a_1b_1,c_1d_1,连成近似椭圆,如图 5-9(d)所示。

图 5-10 画出了平行于三个坐标面上圆的正等轴测图,它们都可用菱形法画出。只是椭圆的长、短轴的方向不同,并且三个椭圆的长轴构成等边三角形。

图 5-10　平行于三个坐标面的圆正等轴测图

3. 回转体的正等轴测图的画法

画回转体的正等轴测图,只要先画出底面和顶面圆的正等轴测图——椭圆,然后作出两椭圆的公切线即可。

【**例 5-4**】　如图 5-11(a)所示,已知圆柱的主、俯视图,作出其正等轴测图。

作图:（1）确定坐系,原点确定为顶圆的圆心,XOY 坐标面与顶圆重合如图 5-11(a)

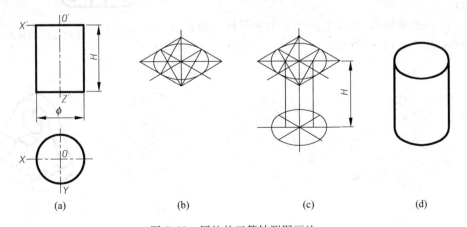

图 5-11　圆柱的正等轴测图画法

所示；

（2）用菱形法画出顶面圆的轴测投影——椭圆,将该椭圆沿 Z 轴向下平移 H,即得底圆的轴测投影,如图 5-11(b)和(c)所示；

（3）作椭圆的公切线,擦去不可见部分,加深后即完成作图,如图 5-11(d)所示。

4. 圆角的正等轴测图的画法

立体上 1/4 圆角在正等轴测图上是 1/4 椭圆弧,可用近似画法作出,如图 5-12 所示。作图时根据已知圆角半径 R,找出切点 A_1,B_1,C_1,D_1,过切点分别作圆角邻边的垂线,两垂线的交点即为圆心,以此圆心到切点的距离为半径画圆弧即得圆角的正等轴测图。底面圆角可将顶面圆弧下移 H 即可,如图 5-12(b)和(c)所示。

| (a) | (b) | (c) |

图 5-12　1/4 圆角的正等轴测图画法

5.2.4　综合作图

画组合体轴测图时,先用形体分析法分解组合体,然后将分解的形体按坐标用叠加法依次画出各部分的轴测图。在作图过程中还要注意各个形体的结合关系。

【例 5-5】　画出如图 5-13 所示的直角支板的正等轴测图。

作图：（1）在投影图上定出坐标系,如图 5-13 所示；

（2）画底板和侧板的正等轴测图,如图 5-14（a）所示；

（3）画底板圆角、侧板上圆孔及上半圆柱面的正等轴测图,如图 5-14(b)所示；

图 5-13　直角支板的视图

| (a) | (b) | (c) | (d) |

图 5-14　直角支板的正等轴测图画法

（4）画底板圆孔和中间肋板的正等轴测图，如图 5-14(c)所示；

（5）整理并加深即完成全图，如图 5-14(d)所示。

5.3　斜二等轴测图

将物体连同确定其空间位置的直角坐标系，用斜投影法投射到与 XOZ 坐标面平行的轴测投影面上，便得到物体的斜二等轴测图，简称斜二测。

由于轴测投影面平行于 XOZ 坐标面，因此物体上平行于 XOZ 坐标面的直线段和平面图形，在斜二测中反映实长和实形。所以轴间角 $\angle X_1 O_1 Z_1 = 90°$（轴测轴 Z_1 按习惯处于铅垂位置），X_1，Z_1 轴向伸缩系数 $p_1 = r_1 = 1$。

至于轴测轴 Y_1 的方向和轴向伸缩系数是随着斜投影的方向与轴测投影面的倾斜度而变化的，均可以任意选定。但为了画图简便，同时立体感又比较强，国家标准规定：轴测轴 Y_1 与水平线成 $45°$，其轴向伸缩系数 $q_1 = 0.5$，如图 5-15(b)所示。

(a)　　　　　　　　　　　　(b)

图 5-15　斜二等轴测图轴间角

斜二测的特点是物体上与轴测投影面平行的表面在轴测投影中反映实形。因此画斜二测时，应尽量使物体上形状复杂的一面平行于 $X_1 O_1 Z_1$ 面。斜二测的画法与正等测的画法相似，但它们的轴间角不同，而且其伸缩系数 $q_1 = 0.5$，所以画斜二测时，沿 Y_1 轴方向的长度应取物体上相应长度的一半。

【**例 5-6**】　画出如图 5-16(a)所示组合体的斜二轴测图。

(a)　　　　　　　(b)　　　　　　　(c)　　　　　　　(d)

图 5-16　斜二等轴测图的画法

　　分析：由投影图可知,组合体的形状特点是在一个方向有相互平行的圆。选择圆的平面平行于坐标面 $X_1O_1Z_1$,则这些圆的斜二测仍为圆,因此只要正确地作出这些圆的圆心的斜二测,就可方便地作出这个组合体的斜二测。具体的作图方法和步骤如下：

　　(1) 定坐标轴,如图 5-16(a)所示；

　　(2) 画轴测轴,定圆心,如图 5-16(b)所示；

　　(3) 画圆并作公切线,如图 5-16(c)所示；

　　(4) 擦去多余线并按规定加粗即完成作图,如图 5-16(d)所示。

第6章 机件常用表达方法

在生产实践中,有些简单的机件,往往只需用一个或两个视图并注上尺寸,就可以表达清楚,但有些形状比较复杂的机件,用三个视图也难以清楚地表达它的内外结构。因此,要想把机件的形状表达得正确、完整、清晰、简练,以便于他人看图,就要根据机件的结构特点与复杂程度,采用不同的表达方法。为此,国家标准《机械制图》(GB/T 4458.1—2002,GB/T 4458.6—2002)和《技术制图》(GB/T 17451—1998,GB/T 17452—1998)在图样画法中规定了视图、剖视图、断面图、简化画法和其他规定画法供绘图时选用。本章将讲述相关的规定画法。

6.1 视　　图

将机件向投影面投射所得的图形称为视图。它一般只表达机件的可见部分,必要时才画出其不可见部分。视图主要用来表达零件的外部结构形状,可分为基本视图、向视图、局部视图和斜视图四种。

6.1.1 基本视图

将机件向基本投影面投射所得的图形称为基本视图。

国家标准《机械制图》规定,采用正六面体的六个面为基本投影面。即在原有三个投影面的基础上,再增加三个投影面构成一个六投影面体系,将机件放在正六面体中,由前、后、左、右、上、下六个方向,分别向六个基本投影面投射,得到六个基本视图。其名称分别为主视图(由前向后投射得到的视图)、左视图(由左向右投射得到的视图)、俯视图(由上向下投射得到的视图)、右视图(由右向左投射得到的视图)、仰视图(由下向上投射得到的视图)、后视图(由后向前投射得到的视图)。

将六个投影面展开的方法如图 6-1 所示。规定正立投影面不动,将其余各面按箭头所指方向旋转展开,与正立投影面形成一个平面。

展开后视图的布置如图 6-2 所示,各视图之间保持"长对正、高平齐、宽相等"的投影关系,即:

主视图、俯视图、仰视图、后视图等长;

主视图、左视图、右视图、后视图等高;

俯视图、仰视图、左视图、右视图等宽。

左、右、俯、仰视图中靠近主视图的一边代表物体的后面,远离主视图的一边代表物体的前面。在同一张图纸内,若按图 6-2 所示配置各基本视图时,一律不标注视图的名称。

在表达某一机件时,并非要同时选用六个基本视图。具体视图的选择要根据机件形

图 6-1　六个基本投影面的展开

（仰视图）

（右视图）　　　　（主视图）　　　　（左视图）　　　　（后视图）

（俯视图）

图 6-2　六个基本视图的配置

状的复杂程度和结构特点确定,一般优先选用主、俯、左三个视图。

6.1.2　向视图

在实际工作中,由于图纸大小的限制,或者是为了更合理的利用图纸,常遇到不能按规定位置配置基本视图的情况。为此,国家标准规定了一种可以自由配置的视图,称为向视图。

向视图标注方式如图 6-3 所示:在向视图上方用大写拉丁字母标出名称为"×",在相应的视图附近用箭头指明投射方向并标注同样的字母"×",如图 6-3 中"A","B","C"所示。

向视图是基本视图的另一种表达方式,是移位配置后的基本视图。向视图的投射方向必须与基本投影面垂直,并必须完整地画出投射后所得的图形。

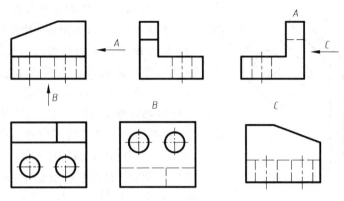

图 6-3　向视图的标注方式

6.1.3　局部视图

局部视图是将机件的某一部分向基本投影面投射所得的视图。当机件的主体形状已由一组基本视图表达清楚，该机件上仍有部分结构尚需表达，而又没有必要再画出完整的基本视图时，可采用局部视图。如图 6-4 所示的机件，用主、俯两个基本视图已清楚地表达了主体形状，但还有左、右两侧的凸台和其中一侧的肋板宽度没有表达。若再增加左视图和右视图，就显得繁琐和重复，此时可采用两个局部视图，分别表达左右凸台和肋板的结构。

图 6-4　局部视图

在机械图样中，局部视图的配置可选用以下两种方式：

（1）按基本视图的配置形式配置，如图 6-4 中的图 A。

（2）按向视图的配置形式配置，如图 6-4 中的图 B。

局部视图的标注及画法：

（1）局部视图一般需要标注，标注方法为在相应的视图附近用箭头标明所要表达的部位和投射方向，并注上相应字母，在局部视图的上方标注视图的名称，如图 6-4 中的"A"视图所示。但当局部视图按投影关系配置，中间又没有其他图形隔开时，可省略标

图 6-5 局部视图与斜视图

注。当局部视图按向视图的配置形式配置时,应按向视图的标注方法进行标注,如图 6-4 中的"B"视图所示。

(2)局部视图表达的是机件的局部结构,局部视图的断裂边界用波浪线或双折线表示。但当所表示的局部结构完整,且其投影的外轮廓线又成封闭时,波浪线可省略不画,如图 6-4 中的"B"视图和图 6-5 中的"B"视图所示。波浪线不应超出机件实体的投影范围,如图 6-4 中的"A"视图所示。

(3)在不致引起误解的前提下,对称机件的视图可只画 1/2 或 1/4,但需在对称中心线的两端分别画出两条与之垂直的平行短细实线(对称符号),如图 6-6 所示。

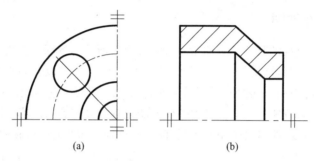

(a)   (b)

图 6-6 对称机件的局部视图

6.1.4 斜视图

将机件向不平行于基本投影面的平面投射所得的视图称为斜视图。当机件某一部分的结构形状是倾斜的,且不平行于任何基本投影面时,无法在基本投影面上表达该部分的实形。若要表达该部分的结构可采用斜视图。此时,可选择一个与机件倾斜部分平行,且垂直于某一基本投影面的平面为辅助投影面,将该部分的结构形状向辅助投影面投射而得到其实形,如图 6-7(b)所示。

(a)   (b)

图 6-7 支板斜视图的形成

(a)基本视图;(b)斜视图的形成

　　斜视图通常按向视图的配置形式配置和标注。箭头一定要垂直于被表达的倾斜部分,而字母以及符号均要按水平位置书写,如图 6-8(a)所示"A"视图。有时为了合理地利用图纸或作图方便,允许将斜视图旋转配置,标注时加旋转符号(半径为字高的半圆弧)"⌒×"或"×⌒",其字母靠近箭头端,旋转符号的方向与图形旋转方向一致,如图 6-8(b)所示"A"视图。

图 6-8　支板的斜视图布置形式
(a) 一种布置形式；(b) 另一种布置形式

　　斜视图主要是用来表达机件上倾斜部分的实形,故其余部分不必全部画出,断裂边界用波浪线或双折线表示,如图 6-8 所示。当表示的结构是完整的,且外形轮廓线封闭时,波浪线可省略不画,如图 6-5 中图 A 所示。

6.2　剖　视　图

　　视图主要用于表达机件的外部形状,而内部形状用虚线来表示。当机件的内部结构复杂时,视图上虚线很多,如图 6-9 所示支架的主视图、图 6-10 所示轴承座的俯视图和左视图。这些虚线既影响图形的清晰又不便标注尺寸。为此,国家标准规定可用剖视图来表示机件的内部结构。

图 6-9　支架视图　　　　　　　　　　　图 6-10　轴承座视图

6.2.1　剖视图的概念

　　为了清楚地表达机件的内部结构形状,可如图 6-11 所示,假想用一平面剖开机件,将位于观察者与剖切面之间的部分移去,将剩余部分向投影面投射所得的图形称为剖视图,简称剖视。

用来剖切被表达机件的假想平面或曲面,称为剖切面。假想用剖切面剖开机件,剖切面与机件的接触部分,称为剖面区域。指示剖切面位置的线(点画线),称为剖切线。指示剖切面起、讫和转折位置(用粗短画表示)及投射方向(用箭头表示)的符号,称为剖切符号,如图 6-12 所示。

图 6-11　剖视的概念　　　　　　图 6-12　支架全剖视图

6.2.2　画剖视图的方法、步骤

1. 剖视图的画法

1) 确定剖切面的位置

剖切平面一般应通过机件的对称面且平行于相应的投影面,即通过机件的对称中心线或通过机件内部的孔、槽的轴线,如图 6-11 所示。

2) 画出机件轮廓线

机件经过剖切后,内部不可见轮廓变为可见,将原来表示内部结构的虚线改画成粗实线,同时剖切面后面机件的可见轮廓也要用粗实线画出,如图 6-11 所示。

3) 填充剖面区域

剖面区域一般应画出剖面符号,以区分机件上被剖切到的实体部分和未被剖切到的空心部分。剖面符号与机件的材料有关,表 6-1 是国家标准规定常用材料的剖面符号。若不需表示材料的类别时,可用通用剖面线表示,通用剖面线最好与主要轮廓线或剖面区域的对称线成 45°角。对金属材料制成机件的剖面符号,一般应画成与主要轮廓线或剖面区域的对称线成 45°的一组平行细实线,如图 6-12 所示的主视图。剖面线之间的距离视剖面区域的大小而异,在同一张图纸中,同一机件的各个剖面区域其剖面线画法应一致。当图形主要轮廓线或剖面区域的对称线与水平线夹角成 45°或接近 45°时,该图形的剖面线可画成与主要轮廓线或剖面区域的对称线成 30°或 60°的平行线,其倾斜方向仍与其他图形的剖面线方向一致,如图 6-13 所示。

图 6-13　剖面线的画法

表 6-1　常用材料的剖面符号

材料名称	剖面符号	材料名称		剖面符号
金属材料,通用剖面线(已有规定剖面符号者除外)		混凝土		
非金属材料(已有规定剖面符号者除外)		木材	纵剖面	
型沙、填沙、粉末冶金、砂轮、陶瓷刀片等			横剖面	
玻璃及其他透明材料		木质胶合板		
砖		液体		

2. 剖视图的标注

为了便于看图时找出剖视图与其他视图的投影关系,一般应在相应视图上画出剖切符号,为粗短画线。在粗短画线处注上大写拉丁字母"×",在剖视图正上方标注出剖视图的名称"×—×",如图 6-12、图 6-14(a)所示。

图 6-14　轴承座剖视图

当剖视图按投影关系配置,中间又没有其他图形隔开时,可省略箭头,如图 6-14(a)中的 A—A 剖视图,在主视图中的剖切符号可省略箭头标注;当剖切平面通过机件的对称平面或基本对称平面,且剖视图按投影关系配置,中间又没有其他图形隔开时,可全部省略标注,如图6-14(a)中左视图的标注均全部省略。

3. 画剖视图时应注意的几个问题

(1)由于剖切是假想的,所以将一个视图画成剖视图后,其他视图仍按完整的机件画出,如图6-12中的俯视图;

(2)画剖视图时,在剖切面后面的可见部分一定要全部画出,在剖切面后面的不可见轮廓线一般不画,只有对尚未表达清楚的结构,才用虚线表示;

(3)要仔细分析剖切面后面的形状,可见部分都要画出,不能遗漏。图6-15所示的几例说明机件的内部空腔形状不同,投影后的剖视图也是不同的;

(4)根据表达机件的实际需要,在一组视图中,可以同时在几个视图中采用剖视,如图6-14(a)中轴承座的三个视图中均采用了剖视;

(5)零件上的肋板、轮辐、紧固件、轴,如纵向剖切时通常按不剖处理,如图6-18所示。

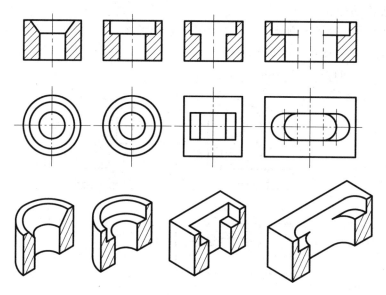

图 6-15　几种孔槽的剖视图

6.2.3　剖视图的种类

根据剖切范围的不同程度,可将剖视图分为全剖视图、半剖视图和局部剖视图三种。

1. 全剖视图

用剖切面完全地剖开机件所得的剖视图称为全剖视图。图6-12中的主视图、图6-14(a)中的俯、左视图。由于全剖视图是将机件完全地剖开,机件外形的表达受到影响,因此,全剖视图一般适用于外形简单、内部结构复杂且不对称的机件。

对于一些具有空心回转体的机件,即使结构对称,但由于外形简单,也常采用全剖视图,如图6-16所示。

图 6-16　对称机件的全剖视图

2. 半剖视图

当机件具有对称平面时,向垂直于对称平面的投影面上投射所得的图形,可以对称中心线为界,一半画成剖视图用来表达机件的内部结构形状,另一半画成视图用来表达机件的外部结构形状,如图 6-17(b)所示,这种组合的图形称为半剖视图。

图 6-17　半剖视图的剖切方法

半剖视图主要用于内外形状都需要表达、结构对称的机件,如图 6-17 所示。当机件的形状接近于对称,且不对称部分已另有图形表达清楚时,也可以画成半剖视图,如图 6-18 所示。

半剖视图的标注:半剖视图标注规则与全剖视相同。图 6-17(b)中的主视图标注全部省略,由于机件上下结构不对称,故在俯视图中标注了"$A—A$",由于俯视图按投影关系布置,故可省略箭头。

画半剖视图应注意如下问题:

(1) 视图和剖视图的分界线应是细点画线,不应画成粗实线或虚线;

(2) 半剖视图中由于图形对称,机件的内部形状已在半个剖视图中表示清楚,所以在不剖的半个外形视图中,虚线应省去不画,如图 6-17(b)中的主、俯视图和图 6-18 主视图所示;

(3) 画半剖视图时,不应影响其他视图的完整性。所以,如图 6-19 中的主视图采用

了半剖,但俯视图不应缺少 1/4 图形;

(4) 当对称机件的轮廓线与中心线重合时,不宜采用半剖视图表示,如图 6-20 所示。

图 6-18　机件形状近似对称,可用
半剖视图表达示例

图 6-19　半剖视图的错误画法

图 6-20　对称机件的局部剖视图

3. 局部剖视图

用剖切面局部地剖开机件,以波浪线或双折线为分界线,一部分画成视图以表达机件外部形状,其余部分画成剖视图以表达内部结构,这样所得的图形称为局部剖视图。

局部剖视图是一种较为灵活的表达方法,适用范围较广,常用于下列情况:

(1) 需要同时表达不对称机件的内外形状时,可以采用局部剖视图,如图 6-21(b)所示;

(a)　　　　　　　　　　　　　　　　(b)

图 6-21　局部剖视图

（2）当对称机件的轮廓线与对称中心线重合时，不宜采用半剖视图，可采用局部剖视，如图 6-20 所示；

（3）表达机件底板、凸缘上的小孔等结构。如图 6-21（b）中为表达底板上的小孔，主视图上采用了局部剖视。

局部剖视与全剖视的主要区别在于它是局部地而不是全部地剖开机件。因此，局部剖视存在一个分界线问题。这个分界线是被剖切部分和未剖部分的分界线，也可以说是视图与剖视图的分界线，还可以认为是断裂面的投影。关于波浪线的画法，应注意以下几点：

（1）局部剖视图与视图之间用波浪线或双折线分界，但同一图样上一般采用一种线型；

（2）波浪线或双折线必须单独画出，不能与图样上其他图线重合，如图 6-20、图 6-22（a）所示。只有当被剖切结构为回转体时，才允许将该结构的轴线作为局部剖视图与视图的分界线，如图 6-23 所示；

图 6-22　波浪线应单独画出
（a）正确；（b）错误

图 6-23　中心线可作为分界线的示例

（3）波浪线应画在机件实体部分，在通孔或通槽中应断开，不能穿空而过。如图 6-24 所示。当用双折线时，没有此限制，如图 6-25 所示；

图 6-24　波浪线画法
（a）正确；（b）错误

图 6-25　双折线画法

（4）波浪线不能超出视图轮廓之外，如图6-24(a)所示。当用双折线时，双折线要超出轮廓线少许，如图6-25所示。

局部剖视图一般可省略标注，但当剖切位置不明显或局部剖视图未按投影关系配置时，则必须加以标注。

局部剖视图中的剖切位置与范围应根据实际需要决定，剖切范围的确定一般是在尽可能保留需要表达的外部形状的前提下，以尽量大的剖切区域展示内部形状。同一机件的表达上局部剖视不宜采用过多，否则会使图形过于零乱。

6.2.4 剖切面的种类

根据机件的结构特点，可选择适当的剖切面获得上述三种剖视图。根据剖切面相对于投影面的位置及剖切面组合数量的不同，国家标准将剖切面分为三类：单一剖切面、几个平行的剖切平面和几个相交的剖切平面（交线垂直于某一基本投影面）。

1. 单一剖切面

仅用一个剖切面剖开机件。单一剖切面包括单一剖切平面、单一斜剖切平面和单一剖切柱面，它们均可剖切机件得到三种剖视图。

（1）单一剖切平面。本节前述图例均为单一剖切平面，用单一剖切平面可剖切机件得到全剖视图（图6-12～图6-14）、半剖视图（图6-17）和局部剖视图（图6-21）。

（2）单一斜剖切平面。用一个不平行于任何基本投影面的平面作为剖切平面剖开机件。若机件上有倾斜的内部结构需要表达时，可选择一个与该倾斜部分平行的辅助投影面，用一个平行于该投影面的剖切平面剖开机件，在辅助投影面上获得的剖视图，如图6-26(b)中"A—A"剖视图。用这种方法获得的剖视图，必须标注出剖切面位置、投射方向和剖视图名称。为了看图方便，应尽量使剖视图与剖切面投影关系相对应，剖视图一般按投影关系配置在与剖切符号相对应的位置，也可将剖视图移至图纸的其他适当位置。在不致引起误解时允许将图形旋转，但旋转后的标注形式应为"⌒×—×"，如图6-26(c)所示。

(a)　　　　　　　　　　(b)　　　　　　　　　　(c)

图6-26　用不平行于基本投影面的单一剖切面获得的全剖视图

（3）单一剖切柱面。如图 6-27 所示的扇形块，为了表达该零件分布在圆周上的孔与槽等结构，可以采用圆柱面进行剖切。用剖切柱面剖切得到的剖视图一般采用展开画法。此时，应在剖视图名称后加注"×—×展开"字样。

2. 几个平行的剖切平面

当机件上具有几种不同的结构要素（如孔、槽等），它们的中心线排列在几个互相平行的平面上时，可采用几个平行的平面同时剖开机件，如图 6-28 所示。几个平行的剖切平面可能是两个或两个以上，具体个数应根据机件的结构需要而选用，各剖切平面的转折处必须是直角。

图 6-27　单一剖切柱面

采用几个平行的剖切平面时应注意的几个问题：

（1）虽然各个剖切平面不在同一个平面上，但剖切后所得到的剖视图应看成是一个完整的图形，在剖视图中不能画出剖切平面转折处的分界线，如图 6-29 中的主视图；

（2）剖切平面的转折处不应与图中的轮廓线重合，如图 6-30 中的俯视图；

（3）要正确选择剖切平面的位置，在剖视图中不应出现不完整的要素，如图 6-31（a）所示；

（4）当机件上有两个要素在图形上具有公共对称中心线或轴线时，允许各画一半不完整的要素，如图 6-31（b）所示；

（5）采用几个平行的剖切平面剖切机件时必须要标注。标注方法是在剖切平面的起、讫、转折处画上剖切符号，标上同一字母，并在起、讫处画上箭头表示投射方向。在所画的剖视图的上方中间位置用同一字母写出其名称"×—×"，如图 6-28（a）所示。国家标准规定，剖切符号、剖切线和字母的组合标注如图 6-32（a）所示。剖切线也可省略不画，如图 6-32（b）所示。剖视图按基本视图配置时，箭头可省略不画，如图 6-28（a）所示。

(a)　　　　　　　　　　　　　　　　　　　　(b)

图 6-28　几个平行的剖切面剖切

图 6-29　几个平行的剖切面剖切的常见错误(一)

图 6-30　几个平行的剖切面剖切的常见错误(二)

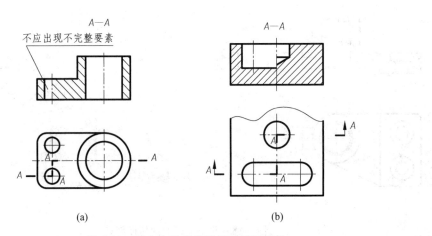

(a)　　　　　　　　　　　　(b)

图 6-31　用几个平行的剖切面剖切机件

(a) 出现不完整要素的错误画法；(b) 允许出现不完整要素的示例

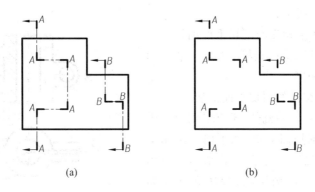

(a)　　　　　　　　　　　　　　(b)

图 6-32　几个平行剖切平面的标注

(a) 剖切符号、剖切线和字母的组合标注；(b) 省略剖切线

3. 几个相交的剖切平面（交线垂直于某一基本投影面）

1）用两个相交的剖切平面剖切

用两个相交的剖切平面剖开机件时，先假想按剖切位置剖开机件，然后将被倾斜剖切面剖开的结构及其有关部分旋转到与选定的基本投影面平行后再进行投射，得到如图 6-33(b) 所示的"$A-A$"全剖视图。

(a)　　　　　　　　　　　　　　(b)

图 6-33　相交的剖切面剖切机件

这种剖切方法主要用于表达具有公共回转轴线的机件内部形状和盘、盖、轮等机件的成辐射状分布的孔、槽等内部结构。

采用两个相交的剖切平面剖切表达机件时应注意以下几个问题：

（1）当机件具有明显的回转轴时，两个剖切面的交线应与机件上的回转轴线相重合，并垂直于某一基本投影面，如图 6-33(b) 所示；

（2）被倾斜的剖切平面剖开的结构，应绕两剖切面的交线旋转到与选定的投影面平行后再进行投射。但处在剖切平面后的其他结构，规定仍按原来位置投射，如图 6-33(b) 所示机件下部的小圆孔，在"$A-A$"剖视图中仍按原来位置投射画出；

（3）当相交两剖切平面剖切到机件上的结构产生不完整要素时，规定这部分按不剖

绘制,如图 6-34 所示;

　　(4)采用两个相交的剖切平面剖切机件时必须进行标注,标注方法与用几个平行的平面剖切方法相同。

　　2)用一组相交的剖切平面剖切

　　如图 6-35 所示的机件,不宜采用前面讲的两个相交的剖切面剖切,如采用一组相交的剖切面剖切就能充分表达其结构。采用一组相交的剖切面剖切,其画法和标注如图 6-35、图 6-36 所示。如遇到机件的某些内部结构投影重叠而表达不清楚、或剖切平

图 6-34　剖切后产生不完整要素的规定

面为圆柱面时,可将其展开画出,但在剖视图上方应标注"×—×展开",如图 6-36(b)所示。

(a)　　　　　　　　　　　　　(b)

图 6-35　用一组相交的剖切平面剖切(一)

(a)　　　　　　　　　　　　　(b)

图 6-36　用一组相交的剖切平面剖切(二)

6.3　断　面　图

6.3.1　断面图的形成

假想用剖切面将机件某处切断,仅画出剖切面与机件实体接触部分(截断面)的图形,称为断面图,简称断面。如图 6-37(a)所示的轴,为了表示左端键槽的深度,假想在键槽处用一个垂直于轴线的剖切平面将轴切断,只画出断面的形状,并在断面画上剖面符号。

(a)　　　　　　　　　　　　　　　　　　　　　　(b)

图 6-37　断面图的形成

画断面图时,应特别注意断面图与剖视图的区别,断面图只画出机件的断面形状,而剖视图除了画出断面形状以外,还必须画出机件剖切面后面的轮廓线,如图 6-37(b)所示。

断面图主要用于表达机件某部位的断面形状,如机件上的肋板、轮辐、键槽、杆件及型材的断面等。

6.3.2　断面图的分类

根据断面图配置位置的不同,断面图可分为移出断面和重合断面两种。

1. 移出断面

画在视图轮廓线之外的断面图称为移出断面。

移出断面的画法:

(1)移出断面的轮廓线用粗实线绘制,并在断面上画上规定的剖面符号,如图 6-38 所示;

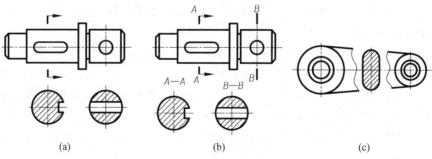

(a)　　　　　　　　　　　(b)　　　　　　　　　　　(c)

图 6-38　移出断面图的画法(一)

(2) 当剖切平面通过回转面形成的孔或凹坑的轴线时,这些结构按剖视绘制,如图 6-39 所示;

图 6-39　移出断面图的画法(二)

(3) 当剖切平面通过非圆形通孔,导致出现完全分离的两个断面时,这些结构应按剖视绘制,如图 6-40(a)所示;

图 6-40　移出断面图的画法(三)

(4) 剖切平面一般应垂直于被剖切结构的主要轮廓线或轴线,如图 6-40(b)所示。当遇到如图 6-40(c)所示的肋板结构时,可用两个相交的剖切面,分别垂直于左、右肋板剖切机件,所得到的断面图,中间应用波浪线断开,如图 6-40(c)所示。

移出断面的配置:

(1) 移出断面应尽量配置在剖切符号或剖切线(指示剖切面位置的线,用点画线表示)的延长线上,如图 6-38(a)所示;

(2) 移出断面也可按投影关系配置,如图 6-39 所示。或配置在其他适当位置,如图 6-38(b)所示;

(3) 当断面图形对称时,也可画在视图的中断处,如图 6-38(c)所示。

移出断面的标注:

(1) 移出断面一般应用粗短画表示剖切位置,用箭头表示投射方向并注上字母,在断面图的上方应用同样字母标出相应的名称"×—×"(如图 6-38(b),图 6-40(a)所示);

(2) 配置在剖切符号或剖切线的延长线上的移出断面图,如果断面图不对称可省略字母,但应标注投射方向;如果图形对称可省略标注,如图 6-38(a),图 6-40(b)所示;

(3) 没有配置在剖切线延长线上的对称移出断面或按投影关系配置的移出断面,均可省略箭头,如图 6-38(b),图 6-39 所示;

(4) 配置在视图中断处的移出断面均可不作标注,如图 6-38(c)所示。

2. 重合断面

画在视图轮廓线之内的断面图,称为重合断面。

（1）重合断面的画法：重合断面的轮廓线用细实线绘制,当视图中的轮廓线与重合断面轮廓线重叠时,视图中的轮廓线仍然应连续画出,不可间断,如图 6-41 所示。

（2）重合断面的标注：对称的重合断面不必标注,如图 6-42(a)所示；不对称的重合断面可省略标注,如图 6-42(b)所示。

图 6-41　重合断面图

（a）　　　　　　　　（b）

图 6-42　重合断面图的标注
（a）支架；（b）角钢

6.4　局部放大图及其他规定简化画法

6.4.1　局部放大图

当机件上某些结构在原图上表达不够清楚或不便标注尺寸时,可将这些细小部分结构用大于原图的比例单独画出,这种用大于原图比例画出机件上局部结构的图形,称为局部放大图,如图 6-43 所示。局部放大图可画成视图、剖视图、断面图,与被放大部分的表示方法无关。

图 6-43　局部放大图

局部放大图的配置与标注：

（1）局部放大图应尽量配置在被放大部分的附近,并用细实线圈出被放大的部位；

（2）当同一机件上有几个被放大的部位时，必须用罗马数字依次标明被放大的部位，并在局部放大图的上方标注出相应的罗马数字和采用的比例；

（3）当机件上被放大的部分仅有一处时，只需在局部放大图的上方注明所采用的比例；

（4）局部放大图中所标注的比例与原图所采用的比例无关，它仅表示放大图中的图形尺寸与实物之比。

6.4.2　有关肋板、轮辐等结构的规定画法

机件上的肋板、轮辐、薄壁等结构，如按纵向剖切均不画剖面符号，用粗实线将他们与其相邻结构分开，如图 6-44 所示。当回转体零件上均匀分布的肋板、轮辐、孔等结构不处于剖切平面上时，可将这些结构旋转到剖切平面上画出，如图 6-45 所示。

图 6-44　肋板剖切的画法

图 6-45　均布孔、肋和轮辐的画法

6.4.3　简化画法

（1）相同孔的简化画法：若干直径相同且按一定规律分布的孔，可以仅画出一个或几个，其余只需用细点画线表示其中心位置，并标注孔的总数，如图 6-46 所示。

（2）相同结构的简化画法：当机件具有若干相同结构（齿、槽等），并按一定规律分布

图 6-46　相同孔的简化画法

时,只需画出几个完整的结构,其余用细实线连接,但必须在图中注明该结构的总数,如图 6-47 所示。

图 6-47　相同结构的简化画法

（3）网状物及滚花的示意画法:网状物、编织物或机件上的滚花部分,可在轮廓线附近用细实线示意画出,也可省略不画,并在适当位置注明这些结构的具体要求,如图 6-48 所示。

图 6-48　网状物及滚花的示意画法

（4）平面的表示画法:当图形不能充分表达平面时,可用平面符号(两条相交的细实线)表示,如图 6-49 所示。

图 6-49　回转体上平面的表示法

（5）移出断面剖面符号画法:在不致引起误解的情况下,机件图中的移出断面允许省略剖面符号,但剖切位置和断面图的标注必须遵照原来的规定,如图 6-50 所示。

（6）倾斜圆的规定画法：与投影面倾斜角度小于或等于30°的圆或圆弧，其投影可用圆或圆弧代替，如图6-51所示。

（7）圆柱形法兰孔的规定画法：圆柱形法兰和类似零件上均匀分布的孔，可按图6-52所示的方法绘制。

（8）折断画法：对于较长的机件（轴、杆、型材

图 6-50　剖面符号的省略

等），当沿长度方向的形状一致或按一定规律变化时，可将其断开缩短绘制，但尺寸仍要按机件的实际长度标注，如图6-53所示。

图 6-51　倾斜圆的规定画法　　　　图 6-52　圆柱形法兰孔的简化画法

图 6-53　较长机件断开后的画法

6.5　机件表达方法综合举例

前面介绍了机件的各种表达方法——视图、剖视图、断面图、简化画法等。在实际生产中，机器零件是多种多样的，究竟怎样选用上面的各种表达方法，需要根据机件的复杂程度及其结构特点进行具体分析。一个表达方案的确定，既要使所选取的每个视图、剖视图、断面图有表达内容和重点，又要注意它们之间的相互联系和分工；既要简化绘图工作，又要表达清楚，便于读图。总之，在完整清晰的表达出机件各部分的结构形状及相对位置的前提下，力求看图方便，绘图简便，视图数量越少越好。为了更好地掌握各种表达方法，需要勤于思考，反复练习。

确定一个好的表达方案，一般可以通过以下步骤进行。下面以图6-54所示的轴承座为例，讨论表达方法的综合运用。

1．分析形体

图示轴承座是前后对称的机件，其主体为安放轴的圆筒，圆筒的左面有方形凸缘，凸缘上有四个小孔。下面部分是一个长方形的安装板，安装板上有六个相同的通孔；圆筒与安装板之间由具有空腔的支架连接；支架由前、后、左、右四个壁所构成，在支架的右壁与主体圆筒、安装板相接处有一块平行于正面的肋板。

2．选择主视图

1）摆放位置

自然平放，即按工作位置放置。

2）投射方向

通常选择最能反映机件内、外结构的形状特征和位置特征的方向作为主视图的投射方向。该轴承座初步考虑有 A、B 两个主视图投射方向，如图 6-54 所示。选 A 作为主视图投射方向能较好地反映轴承座的形状特征，但其内部结构和位置特征反映不够清楚；如果选 B 作为主视图投射方向，并

图 6-54　轴承座

采用全剖视则能较好地反映内部结构和位置特征，故选 B 作为主视图投射方向。

3．选择其他视图

将主视图尚未表达清楚的结构形状，选用其他视图补充表达。因为该轴承座前后对称，所以采用了 A—A 半剖视左视图，既保留了外形，又可以清晰地表达出圆筒以及支架的内腔。由于主、左两视图已将轴承座的内部形状表达清楚，所以俯视图只需画出外形，用一个局部剖视表达方形凸缘上的盲孔即可。另外，在主视图上用一个重合断面来表达右端肋板的厚度，这样就完整、清楚地表达了轴承座的内外结构，如图 6-55 所示。

图 6-55　轴承座表达方案

6.6 第三角投影画法简介

在表达机件结构时,虽然世界各国都采用正投影法表达机件的结构形状,但有些国家采用第一角画法,如中国、俄罗斯、德国等国,有些国家则采用第三角画法,如美国、英国、日本等国。为了适应国际科学技术交流,这里对第三角投影的画法作一简单介绍。

6.6.1 第三角投影法

如图 6-56 表示三个互相垂直的投影面:V、H、W,将 W 面左侧的空间分成四个分角,其编号如图所示,将机件放在第三分角(V 面的后方,H 面的下方和 W 面的左方)向各投影面进行正投影,从而得到相应的正投影图。这种画法称为第三角投影法。

6.6.2 第三角投影法的特点

(1) 将物体放在第三分角内,使投影面处于观察者与物体之间,并假想投影面是透明的,从而得到物体的投影图。在 V、H、W 三个投影面上的投影图,分别称为主视图、俯视图、右视图,如图 6-57(a)所示。实际上:主视图——对应第一分角投影的主视图,俯视图——对应第一分角投

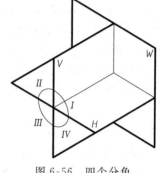

图 6-56 四个分角

影的俯视图,右视图——对应第一分角的右视图,只是投影所处的位置假想的不一样。

(2) 展开时,V 面不动,H、W 面按箭头方向旋转,如图 6-57(a)展开后,三视图的配置如图 6-57(b)所示。

(a)   (b)

图 6-57 第三分角中三视图的形成和投影规律

(3) 三视图之间的关系:第三角投影的三视图之间,同样符合"长对正,高平齐,宽相等"的投影规律。但应注意方向:在俯视图和右视图中,靠近主视图的一边是物体前面的投影。

(4) 第三角投影法中六个基本视图的配置如图 6-58 所示。

图 6-58　第三分角中六个基本视图的配置

6.6.3　第三角画法的标志

国家标准(GB/T 14692—1993)中规定,采用第三角画法时,必须在图样中画出第三角投影的识别符号,而在采用第一角画法时,如有必要也可画出第一角投影的识别符号。两种投影的识别符号如图 6-59 所示。

(a)　　　　　　　　　　　　　　　　　(b)

图 6-59　两种投影法的标志符号

(a) 第一角投影符号；(b) 第三角投影符号

第 7 章　标准零件与常用零件

　　螺纹连接件、齿轮等是机器上的常用零件,他们的结构和尺寸已全部(标准零件)或部分(常用零件)标准化了,并由专用的刀具和机床来保证。常用的标准零件有螺栓、螺柱、螺母、键、销等,常见的常用零件有齿轮、弹簧等。国家标准制订了其规定画法和规定标注。

　　本章主要介绍标准零件、齿轮和弹簧等常用零件的基本知识、规定画法和标注以及相关标准表格的查用等内容。

7.1　螺纹及螺纹连接件

7.1.1　螺纹

　　螺纹是指在圆柱(圆锥)表面上,沿着螺旋线所形成的具有相同断面的连续凸起和沟槽,凸起部分称为螺纹的牙顶,沟槽部分称为螺纹的牙底。在圆柱(圆锥)外表面上制出的螺纹称为外螺纹,在圆柱(圆锥)内表面上制出的螺纹称为内螺纹(图 7-1)。内、外螺纹成对使用,用于连接紧固零件。

图 7-1　外螺纹与内螺纹

螺纹的基本要素

　　螺纹的基本要素有 5 个:牙型、直径、线数、螺距和旋向。内、外螺纹配合时,这五要素必须都相同。

　　1) 螺纹牙型

　　指在通过螺纹轴线断面上螺纹的轮廓形状。常用的螺纹牙型有三角形、梯形、锯齿形等(表 7-1)。

　　2) 螺纹直径(大径、小径、中径)

　　大径(D,d):螺纹的最大直径。亦即与外螺纹牙顶或内螺纹牙底相重合的假想圆柱的直径,又称为螺纹的公称直径。大写字母表示内螺纹,小写字母表示外螺纹。

小径(D_1,d_1)：螺纹的最小直径。亦即与外螺纹牙底或内螺纹牙顶相重合的假想圆柱的直径。

表 7-1　常用标准螺纹

种　类			牙型符号	牙　型	说　明
连接螺纹	普通螺纹	粗牙螺纹	M	60°	常用的连接螺纹，一般常用粗牙螺纹。在相同的大径下，细牙螺纹的螺距较小，切入较浅，多用于薄壁或紧密连接的零件
	管螺纹	螺纹密封的管螺纹	Rc Rp R_1 或 R_2	55°	包括圆锥内螺纹与圆锥外螺纹，圆柱内螺纹与圆柱外螺纹两种连接形式。必要时，允许在螺纹副内添加密封物，以保证连接的紧密性。适用于管子，管接头，旋塞，阀门等 Rc：圆锥内螺纹 Rp：圆柱内螺纹 R_1：圆锥外螺纹 R_2：圆锥外螺纹
		非螺纹密封的管螺纹	G	1:16　55°	螺纹本身不具有密封性，若要求连接后具有密封性，可压紧被连接件螺纹副外的密封面，也可在密封面间添加密封物。适用于管接头，旋塞，阀门等
传动螺纹	梯形螺纹		Tr	30°	用于传递运动和动力，如机床丝杠，尾架丝杠等
	锯齿形螺纹		B	3°　30°	用于传递单向动力，如千斤顶螺杆等

中径(D_2,d_2)：在螺纹大径与小径之间的一个直径。在中径线上，牙型的凸起和沟槽宽度相等。

3）线数(n)

线数指螺旋线的条数，在圆柱（圆锥）表面上只加工出一条螺旋线称为单线螺纹；加工出多条螺旋线称为多线螺纹(图7-2)。常用单线螺纹。

4) 螺距(P)与导程(P_h)

螺纹上相邻两牙在中径线上对应点之间的轴向距离称为螺距。同一条螺旋线上相邻两牙在中径线上对应点之间的轴向距离称为导程。单线螺纹$P=P_h$;多线螺纹 $P_h=nP$(图7-2)。

5) 旋向

螺纹分为右旋与左旋两种。顺时针旋入的螺纹称为右旋螺纹,逆时针旋入的螺纹称为左旋螺纹(图7-3),一般常用的是右旋螺纹。

图7-2　单线螺纹和双线螺纹

图7-3　螺纹的旋向
(a) 左旋;(b) 右旋

7.1.2　螺纹的分类

(1) 按标准化程度分:凡牙型、大径和螺距均符合标准的螺纹称为标准螺纹;牙型符合标准,而大径、螺距不符合标准的称为特殊螺纹;若牙型也不符合标准的称为非标准螺纹。

(2) 按用途分:连接螺纹(粗牙普通螺纹、细牙普通螺纹、管螺纹);传动螺纹(梯形螺纹、锯齿形螺纹等)。传动螺纹用来传递运动和动力。

7.1.3　螺纹的规定画法及标注

螺纹的真实投影比较复杂,因此,国家标准制定的是规定画法。

1. 外螺纹

外螺纹的牙顶用粗实线绘制,牙底用细实线绘制,并一直画到倒角处。在投影为圆的视图中,牙顶圆用粗实线绘制,表示牙底的细实线圆只画约3/4圈,螺杆的倒角圆省略不画,螺纹终止线用粗实线绘制(图7-4)。螺纹收尾一般不画,若画时,用与轴线成30°的细实线画出(图7-4(b))。

2. 内螺纹

在剖视图中,螺纹牙顶(小径)用粗实线绘制,牙底(大径)用细实线绘制。螺纹终止线用粗实线绘制,剖面线画到粗实线为止。在投影为圆的视图中,牙顶圆用粗实线绘制,表示牙底的细实线圆只画3/4,倒角圆不画。绘制不通的螺纹孔时,应将钻孔深和螺纹孔深分别画出。内螺纹不剖时,全部用虚线表示(图7-5)。内、外螺纹小径均按0.85倍大径画出。

(a)　　　　　　　　　　　　　　　　　　(b)

(c)

图 7-4　外螺纹的画法

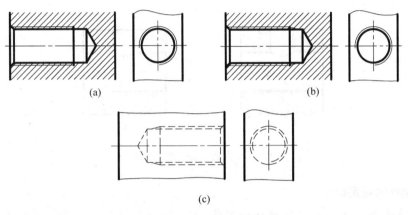

(a)　　　　　　　　　　　　　　　　　　(b)

(c)

图 7-5　内螺纹的画法

3. 螺纹旋合的画法

内、外螺纹旋合时,旋合部分按外螺纹画出,其余部分按各自的画法画出(图 7-6)。

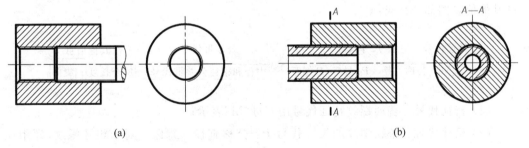

(a)　　　　　　　　　　　　　　　　　　(b)

图 7-6　内、外螺纹旋合时的画法

4. 螺纹牙型表示法

当需要表示螺纹牙型时,可用局部剖视图或局部放大图表示出几个牙型(图 7-7)。

5. 螺纹相贯时的画法

螺纹相贯时,在钻孔与钻孔相交处应画出相贯线,如图 7-8 所示。

图 7-7　螺纹牙型的表示法

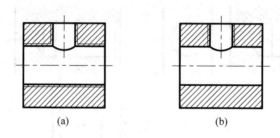

图 7-8　内螺纹相贯时的画法

6. 螺纹的规定标注

由于各种螺纹都是按规定画法画出的,为了区别不同类型的螺纹,国家标准 GB/T 197—2003 制订了螺纹的规定标注。

1) 普通螺纹的标注

完整的螺纹标记由螺纹特征代号、尺寸代号、公差带代号及其他有必要做进一步说明的其他信息四部分组成:

(1) 特征代号。普通螺纹特征代号用字母"M"表示;

(2) 尺寸代号。单线螺纹的尺寸代号为:公称直径×螺距。对于粗牙螺纹,螺距项可以省略,例如 M16。多线螺纹的尺寸代号为:公称直径×P_h 导程(P 螺距)。

(3) 公差带代号。公差带代号包括中径公差带代号和顶径公差带代号。公差带代号由表示公差等级的数值和表示公差带位置的字母(内螺纹用大写字母;外螺纹用小写字母)组成。如果中径公差带代号与顶径公差带代号相同,则应只标注一个公差带代号。

（4）其他信息。标记内有必要说明的其他信息包括螺纹的旋合长度和旋向。

对于短旋合长度组和长旋合长度组的螺纹,在公差带代号后分别标注代号 S 和 L。旋合长度代号与公差带代号间用"—"号分开,中等旋合长度组螺纹不标注旋合长度代号 N。

对于左旋螺纹,应在旋合长度代号之后标注代号 LH。旋合长度代号与旋向代号间用"—"号分开。右旋螺纹不标注旋向代号。

（5）标记示例。

M8×1—5g6g：公称直径为 8 mm,螺距为 1 mm 的单线细牙普通螺纹,中径公差带为 5g,大径公差带为 6g 的外螺纹。中等旋合长度和右旋省略。

M16×P_h3(P1.5)：公称直径为 16 mm,导程为 3 mm,螺距为 1.5 mm 的双线细牙螺纹。

2）梯形螺纹的标注

梯形螺纹的完整标记,由螺纹代号、公差带代号及旋合长度代号组成。其具体的标记格式,分下列两种情况。

单线梯形螺纹：

$$\boxed{\text{Tr}}\ \boxed{\text{公称直径}} \times \boxed{\text{螺距}}\quad \boxed{\text{旋向代号}} — \boxed{\text{中径公差带代号}} — \boxed{\text{旋合长度}}$$

多线梯形螺纹：

$$\boxed{\text{Tr}}\ \boxed{\text{公称直径}} \times \boxed{\text{导程(螺距代号 } P \text{ 和数值)}}\quad \boxed{\text{旋向代号}} — \boxed{\text{中径公差带代号}} — \boxed{\text{旋合长度}}$$

（1）螺纹代号：包括牙型代号、公称直径、导程（或螺距）、旋向代号。

梯形螺纹的牙型代号为"Tr"。左旋螺纹的旋向代号为 LH,右旋不标注。例如 Tr32×6LH；Tr32×6。

（2）公差带代号：公差带代号只包括中径公差带。

（3）旋合长度代号：旋合长度代号分为中（N）和长（L）两种,用中等旋合长度（N）,不标注代号"N"。例如 Tr32×12(*P*6)LH—7e—L 为梯形螺纹的完整标记。

3）锯齿形螺纹的标注

锯齿形螺纹牙型符号为"B"。除此项与梯形螺纹不同外,其余各项的含义与标注方法均同梯形螺纹。标记示例：

B40×7—7A 表示公称直径为 40 mm,螺距为 7 mm,中径公差带代号为 7A,中等旋合长度的右旋锯齿形内螺纹；

B40×14(*P*7)—8c—L 表示公称直径为 40 mm,导程为 14 mm,螺距为 7 mm,中径公差带代号为 8c,长旋合长度的右旋双线锯齿形外螺纹。

普通螺纹、梯形螺纹和锯齿形螺纹在图上的标注示例,见表 7-2 所示。

表 7-2　普通螺纹、梯形螺纹、锯齿形螺纹的标注示例

螺纹种类	标 注 示 例	说　　明
普通螺纹	$M16\times1.5-6e$	表示公称直径为 16 mm,螺距为 1.5 mm 的右旋细牙普通螺纹(外螺纹),中径和顶径公差带代号均为 6e,中等旋合长度
普通螺纹	M10-5g6g-s-LH	表示公称直径为 10 mm 的粗牙普通螺纹(外螺纹)中径公差带代号为 5g,顶径公差带代号为 6g,短旋合长度,左旋
普通螺纹	$M10-6H$	表示公称直径为 10 mm 的右旋粗牙普通螺纹(内螺纹),中径和顶径公差带代号均为 6H,中等旋合长度
梯形螺纹	Tr40×14(P7)-8e-L-LH	表示公称直径为 40 mm,导程为 14 mm,螺距为 7 mm 的双线梯形外螺纹,中径公差带代号为 8e,长旋合长度,左旋
锯齿形螺纹	B90×12LH-7e	表示公称直径为 90 mm,螺距为 12 mm 的单线左旋锯齿形外螺纹,中径公差带代号为 7e,中等旋合长度

4) 管螺纹的标注

管螺纹分为用螺纹密封的管螺纹和非螺纹密封的管螺纹,标记的内容和格式如下。

55°螺纹密封管螺纹: 螺纹特征代号 尺寸代号 ─ 旋向代号

55°非螺纹密封管螺纹: 螺纹特征代号 尺寸代号 公差等级代号 ─ 旋向代号

上述螺纹标记中的螺纹代号分两类:①用螺纹密封的管螺纹特征代号:Rc 表示圆锥内螺纹;R_1 表示与圆柱内螺纹相配合的圆锥外螺纹,R_2 表示与圆锥内螺纹相配合的圆锥外螺纹;Rp 表示圆柱内螺纹。②非螺纹密封圆柱管螺纹特征代号:G。

两类螺纹中的尺寸代号(表 7-3),标注在螺纹特征代号之后,例如 Rp1,Rc1/2,G3/4 等。

公差等级代号(只有非密封的外管螺纹分为 A,B 两个公差等级)标注在尺寸代号之后,例如 G3/4A;内螺纹不标注公差等级代号。

螺纹为右旋不标注;左旋时应标注"LH",例如 Rc1/2—LH。

管螺纹的标注如表 7-3 所示。应注意管螺纹的尺寸代号并不是螺纹的大径,因而这类螺纹需用指引线自大径引出标注。作图时可根据尺寸代号查出螺纹的大径。例如尺寸代号为"1"时,螺纹的大径为 33.249 mm。

表 7-3　管螺纹标注示例

螺纹种类	标注示例	说　　明
用螺纹密封的管螺纹	*Rp1*	表示尺寸代号为 1,用螺纹密封的圆柱内螺纹
	R₂1/2-LH	表示尺寸代号为 1/2,用螺纹密封的圆锥外螺纹,左旋
	Rc₁/₂	表示尺寸代号为 1/2,用螺纹密封的圆锥内螺纹
非螺纹密封的管螺纹	*G1*	表示尺寸代号为 1,非螺纹密封的圆柱内螺纹
	G3/4B	表示尺寸代号为 3/4,非螺纹密封的 B 级圆柱外螺纹

7.1.4　螺纹连接件

　　用螺纹连接和紧固的零件称为螺纹连接件,螺纹连接件是标准零件。常见的螺纹连接件有:螺栓、螺柱、螺钉、螺母、垫圈等(图 7-9),螺纹连接件的尺寸、结构形状、材料、技

开槽盘头螺钉　　内六角　　十字槽　　开槽锥端　　六角头螺栓
　　　　　　圆柱头螺钉　沉头螺钉　紧定螺钉

双头螺柱　　I 型六角螺母　　I 型　　平垫圈　　弹簧垫圈
　　　　　　　　　　　六角开槽螺母

图 7-9　螺纹连接件

术要求均已标准化,根据标准连接件的规定标记,在相应的标准手册中能查出有关尺寸。

1. 螺栓连接

　　螺栓连接由螺栓、螺母和垫圈构成,用于两个或两个以上较薄零件的连接,并且被连接零件均钻成通孔(图 7-10)。图 7-11 所示为螺栓连接中三种连接件的比例画法。

图 7-10　螺栓连接

$$d_1=0.85d$$
$$b=2d$$
$$R=1.5d$$
$$k=0.7d$$
$$e=2d$$
$$R_1=d$$

(a)

$$d_2=2.2d$$
$$d_1=11d$$
$$h=0.15d$$
$$d_3=1.5d$$
$$n=0.12d$$
$$D=d$$
$$m=0.8d$$

(b)   (c)

图 7-11　螺栓、螺母、垫圈的比例画法

　　图 7-12 为螺栓连接比例画法的作图步骤。螺栓有各种长度规格,螺栓的公称长度 $L \geqslant \delta_1 + \delta_2 + h + m + a(0.2 \sim 0.3d)$,其中 δ_1,δ_2 为被连接件的厚度,a 为螺栓的伸出长度。

L 值要查有关表格而定。在装配图中,螺栓连接可采用简化画法(图 7-13)。

图 7-12　螺栓连接的画图步骤

图 7-13　装配图中可用简化画法

2. 螺柱连接

螺柱连接由双头螺柱、螺母、垫圈组成。双头螺柱没有头部,两端均为螺纹,连接时,螺柱一端直接旋入零件,称为旋入端,另一端用螺母拧紧(图 7-14)。螺柱的公称长度

$L{\geqslant}\delta+h+m+a(0.2{\sim}0.3d)$，如图 7-15 所示。

图 7-14　双头螺柱的比例画法

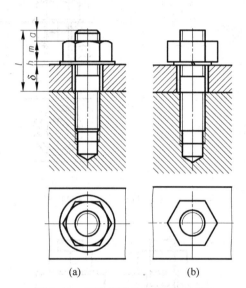

图 7-15　双头螺柱连接的两种画法

双头螺柱的旋入端长度 b_m 与材料有关。钢为 $b_m=d$，铸铁为 $b_m=1.25d$ 或 $b_m=1.5d$，铝为 $b_m=2d$。机体上螺孔的深度应大于旋入端长度 b_m，一般取 $b_m+0.5d$，钻孔深取 b_m+d(图 7-14(c))。

装配图中螺柱连接可采用简化画法，如图 7-15(b)所示，将螺杆端部及螺母、螺栓六角头因倒角而产生的截交线省略不画；图 7-15(b)所示的是弹簧垫圈，画成与水平线成 60°上向左，下向右的两条线；螺孔中的钻孔深度也可省去不画(图 7-16)。在装配图中的螺纹连接件建议采用如图 7-16 所示的简化画法。

3. 螺钉连接

螺钉连接不用螺母，而是将螺钉直接拧入机件的螺孔里，与螺柱连接类似。螺钉连接多用于受力不大的情况。根据螺钉头部形状的不同而有多种形式(图 7-17)。螺钉的公称长度 $L{\geqslant}\delta+b_m$，δ 为通孔零件的厚度。

图 7-16　提倡采用的简化画法

图 7-17　螺钉连接的比例画法

　　紧定螺钉用来固定两零件的相对位置,使它们不产生相对运动。如图 7-18 所示,用一个开槽锥端紧定螺钉旋入轮毂的螺孔,使螺钉的 90°锥顶角与轴上的 90°锥坑压紧,从而将轴、轮毂固定在一起。

4. 螺纹连接件连接画法中的注意事项

　　(1) 两零件接触的表面仅画一条线,非接触表面要画两条线;

　　(2) 在剖视图中,相邻两个(或三个)零件的剖面线应相反,或者方向相同但间距不等;

　　(3) 当剖切平面通过标准件的轴线时,这些标准件均按不剖绘制。

图 7-18　紧定螺钉连接

5. 螺纹连接件的规定标记(表 7-4)

表 7-4　常用螺纹连接件及其标记示例

序号	名称(标准号)	图例及规格尺寸	标记示例
1	六角头螺栓—A 和 B 级 (GB/T 5782—2000)	40　M8	螺纹规格 $d=$ M8,公称长 $l=$ 40 mm,性能等级为 8.8 级,表面氧化,A 级的六角头螺栓: 螺栓 GB/T 5782 M8×40
2	双头螺柱 $b_m=ld$ (GB/T 897—1988)	35　M8	两头均为粗牙普通螺纹,$d=8$ mm,$l=35$ mm,性能等级为 4.8 级,不经表面处理,B 型,$b_m=ld$ 的双头螺纹: 螺柱 GB/T 897 M8×35
3	Ⅰ型六角螺母— A 和 B 级 (GB/T 6170—2000)	M8	螺纹规格 $D=$M8,性能等级为 10 级,不经表面处理,A 级的 Ⅰ 型六角螺母: 螺母 GB/T 6170 M8
4	平垫圈—A 级 (GB/T 97.1—2002)	公称尺寸 8 mm	标准系列,公称尺寸 $d=8$ mm,性能等级为 200 HV 级不经表面处理的 A 级平垫圈: 垫圈 GB/T 97.1 8
5	标准型弹簧垫圈 (GB/T 93—2002)	公称尺寸 8 mm	规格 8 mm,材料为 65 Mn,表面氧化的标准型弹簧垫圈: 垫圈 GB/T 93 8
6	开槽盘头螺钉 (GB/T 67—2000)	25　M8	螺纹规格 $d=$M8,公称长度 $l=$ 25 mm,性能等级为 4.8 级,不经表面处理开槽盘头螺钉: 螺钉 GB/T67 M8×25

续表

序号	名称(标准号)	图例及规格尺寸	标记示例
7	开槽沉头螺钉 (GB/T 68—2000)	M8　45	螺纹规格 $d=$ M8,公称长度 $l=45$ mm,性能等级为 4.8 级,不经表面处理开槽沉头螺钉: 螺钉 GB/T 68 M8×45
8	内六角圆柱头螺钉 (GB/T 70—2008)	M8　30	螺纹规格 $d=$ M8,公称长度 $l=30$ mm,性能等级为 8.8 级,表面氧化的圆柱头螺钉: 螺钉 GB/T 70 M8×30
9	开槽锥端紧定螺钉 (GB/T 71—1985)	M8　25	螺纹规格 $d=$ M8,公称长度 $l=25$ mm,性能等级为 14H 级,表面氧化的开槽锥端紧定螺钉: 螺钉 GB/T 71 M8×25

7.2　键、销和滚动轴承

7.2.1　键及其连接

键是标准件,用键将轴与轴上的传动件,如齿轮、皮带轮等连接起来,起传递扭矩、动力的作用(图 7-19)。

(a)　　　　　　　(b)

图 7-19　键连接

1. 键的标记

常用的键有普通平键、半圆键和钩头楔键。每一种形式的键,都有相应的标准号和规定标记,如表 7-5 所示。选用时,根据传动情况确定键的形式。根据轴径查标准手册,选择键宽 b 和键高 h,再根据轮毂长度选择键长 L 的标准值。键槽的表示方法及尺寸标注,如图 7-20 和图 7-21 所示。

表 7-5　键及其标记示例

序号	名称(标准号)	图例	标记示例
1	普通平键 (GB/T 1096—2003)	L　h　b	$b=8,h=7,L=25$ 的普通平键(A 型) GB/T 1096—2003 键 8×7×25

续表

序号	名称(标准号)	图　　例	标记示例
2	半圆键 (GB/T 1099.1—2003)		$b=6,h=10,L=24$ 的半圆键 　GB/T 1099.1—2003 键 6×10×24
3	钩头楔键 (GB/T 1565—2003)		$b=18,h=11,L=100$ 的钩头楔键 　GB/T 1565—2003 键 18×11×100

图 7-20　平键槽的表示方法及尺寸标注　　　　图 7-21　半圆键槽的表达方法及尺寸标注

2. 键连接画法

　　普通平键和半圆键的侧面是工作面,在装配图画法中,键与键槽侧面不留间隙。键的顶面是非工作面,与轮毂键槽顶面应留有间隙。如图 7-22、图 7-23 所示。

图 7-22　普通平键连接　　　　　　　　图 7-23　半圆键连接

　　钩头楔键顶面有 1∶100 的斜度,连接时将键打入键槽。顶面和底面同为工作面,与槽底无间隙。而键的两侧为非工作面,但有配合要求也应画一条线(图 7-24)。

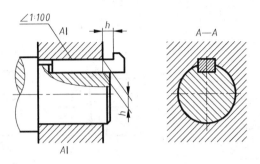

图 7-24　钩头楔键连接

7.2.2　销及其连接

1. 常用销及其标记

　　销是标准件,常用的有圆柱销、圆锥销和开口销等。圆柱销、圆锥销用作零件间的连接及定位;开口销用来防止螺母松动或固定零件。每一种形式的键,都有相应的标准号和规定标记,如表 7-6 所示。

表 7-6　销及其标记示例

序号	型　式	名称及标准编号	标记示例
1	圆柱销 GB/T 119.1—2000		$d=10$、公差为 m6、公称长度 $L=60$、材料为钢、不经淬火、不经表面处理的 A 型圆柱销 销 GB/T 119.1 10 m6×60
2	圆锥销 GB/T 117—2000		$d=10$、$L=60$、材料为钢、热处理硬度 28-38HRC、表面处理的 A 型圆锥销 销 GB/T 117 10×60
3	开口销 GB/T 91—2000		$d=5$、$L=50$ 的开口销 销 GB/T 91 5×50

2. 销连接画法

销的装配要求较高,销孔要与被连接零件装配后同时加工。锥销孔的直径指的是小端直径,标注时采用旁注法(图 7-25、图 7-26)。

图 7-25　圆柱销连接　　　　　　　　图 7-26　圆锥销连接

7.2.3　滚动轴承

滚动轴承是支承传动轴的部件,由于它具有结构紧凑、摩擦阻力小等优点,故在机器中应用广泛。

1. 滚动轴承的结构、分类

滚动轴承可分为四部分,如图 7-27 所示。内圈装在轴上,与轴紧密结合在一起;外圈装在轴承座孔内,与轴承座孔紧密结合在一起;滚动体形式有圆球、圆柱、圆锥等,排列在内、外圈之间;保持架用来把滚动体分开。

常用滚动轴承的画法如表 7-7 所示。滚动轴承按受力方向可分为三类。

向心轴承:主要承受径向载荷,如深沟球轴承;

推力轴承:只承受轴向载荷,如平底推力球轴承;

向心推力轴承:同时承受径向、轴向载荷,如圆锥滚子轴承。

图 7-27　滚动轴承的结构

外圈
内圈
滚动体
保持架

表 7-7　常用滚动轴承的画法

名称及代号	结构形式	规定画法	特征画法
深沟球轴承 GB/T 276—1994 类型代号 6 主要参数 D,d,B			

续表

名称及代号	结构形式	规定画法	特征画法
推力球轴承 GB/T 301—1995 类型代号 5 主要参数 D,d,T			
圆锥滚子轴承 GB/T 297—1994 类型代号 3 主要参数 D,d,T,B,C			

2. 滚动轴承的画法

滚动轴承是标准部件,不需要画出部件图。在装配图中,可采用通用画法、规定画法和特征画法画出(图 7-28、图 7-29 和表 7-7)。

图 7-28　滚动轴承的通用画法

图 7-29　滚动轴承装配图画法

3. 滚动轴承的代号

滚动轴承代号由前置代号、基本代号、后置代号组成。

1) 基本代号

表示滚动轴承的基本类型、结构和尺寸,是滚动轴承的基础。滚动轴承(滚针轴承除外)基本代号由轴承类型代号、尺寸系列代号、内径代号构成。

(1) 类型代号用数字或字母表示如表 7-8 所示;

(2) 尺寸系列代号用数字表示,由轴承的宽(高)度系列代号和直径代号组合而成。常用的轴承类型、尺寸系列代号及轴承类型代号与尺寸系列代号的组合如表 7-9 所示;

(3) 内径代号用数字表示。表示滚动轴承公称内径的内径代号如表 7-10 所示。

表 7-8 滚动轴承类型代号

代号	轴 承 类 型	代号	轴 承 类 型
0	双列角接触球轴承	6	深沟球轴承
1	调心球轴承	7	角接触球轴承
2	调心滚子轴承和推力调心滚子轴承	8	推力圆柱滚子轴承
3	圆锥滚子轴承	N	圆柱滚子轴承(双列或多列用字母 NN 表示)
4	双列深沟球轴承	U	外球面球轴承
5	推力球轴承	QJ	四点接触球轴承

2) 前置、后置代号

前置、后置代号是轴承在结构形状、尺寸、公差、技术要求等有变化时,在其基本代号前、后添加的补充代号。前置代号用字母表示,后置代号用字母(或加数字)表示。其具体编制规则及含义可查阅有关标准。

如滚动轴承 6206 所表示的意义如下:

6 ——类型代号,表示深沟球轴承

2 ——尺寸系列代号"02"(宽度系列代号 0,直径系列代号 2)

06 ——内径代号($d=6\times5=30$ mm)

表 7-9 常用的轴承类型代号、尺寸系列代号及组成的组合代号

轴承类型	简 图	类型代号	尺寸系列代号	组合代号	标准号
圆锥滚子轴承		3	02	302	GB/T 297
		3	03	303	
		3	13	313	
		3	20	320	
		3	22	322	
		3	23	323	
		3	29	329	
		3	30	330	
		3	31	331	
		3	32	332	

轴承类型	简　图	类型代号	尺寸系列代号	组合代号	标准号
推力球轴承		5 5 5 5	11 12 13 14	511 512 513 514	GB/T 301
深沟球轴承		6 6 6 6 16 6 6 6 6	17 37 18 19 (0) 0 (1) 0 (0) 2 (0) 3 (0) 4	617 637 618 619 160 60 62 63 64	GB/T 276 GB/T 4221

表 7-10　滚动轴承内径代号及其示例

轴承公称内径/mm		内 径 代 号	示　例
0.6～10(非整数)		用公称内径毫米数直接表示,在其与尺寸系列代号之间用"/"分开	深沟球轴承 618/2.5 $d=2.5$ mm
1～9(整数)		用公称内径毫米数直接表示,对深沟及角接触球轴承 7,8,9 直径系列,内径与尺寸系列代号之间用"/"分开	深沟球轴承 625 618/5 $d=5$ mm
10～17	10 12 15 17	00 01 02 03	深沟球轴承 6200 $d=10$ mm
20～480 (22,28,32 除外)		公称直径除以 5 的商数,商数为个位数,需在商数左边加"0",如 08	调心滚子轴承 23208 $d=40$ mm
大于和等于 500 以及 22,28,32		用公称内径毫米数直接表示,但在与尺寸系列代号之间用"/"分开	调心滚子轴承 230/500 $d=500$ mm 调心滚子轴承 62/22 $d=22$ mm

7.3　齿　　轮

　　齿轮是机械传动中应用广泛的一种零件,用来传递运动和动力。根据齿轮传动情况,可将其分为四种(图 7-30)。

　　圆柱齿轮传动:用于两平行轴之间的传动;

　　圆锥齿轮传动:用于两相交轴之间的传动;

　　蜗轮蜗杆传动:用于两轴垂直交叉时的传动;

图 7-30   常见的齿轮传动形式

(a) 圆柱齿轮；(b) 圆锥齿轮；(c) 蜗轮蜗杆

齿轮齿条传动：用于转动和移动之间的运动转换。

齿轮分为标准齿轮与非标准齿轮，具有标准齿的齿轮称为标准齿轮。下面仅介绍具有渐开线齿形的标准齿轮的基本知识与规定画法。

1. 直齿圆柱齿轮各部分名称及有关参数（图 7-31）

（1）齿数（z）——齿轮上轮齿的个数。

（2）齿顶圆直径（d_a）——通过齿轮顶部的圆的直径。

（3）齿根圆直径（d_f）——通过齿轮根部的圆的直径。

（4）分度圆直径（d）——在齿顶圆与齿根圆之间，齿厚与齿槽宽度相等的假想圆称为分度圆。它是齿轮设计和加工时计算尺寸的基准圆。

（5）齿高（h）——齿顶圆与齿根圆之间的径向距离；

齿顶高（h_a）——齿顶圆与分度圆之间的径向距离；

图 7-31   直齿圆柱齿轮各部分名称和代号

齿根高（h_f）——齿根圆与分度圆之间的径向距离。

（6）齿距（p）——分度圆上相邻两齿廓对应点之间的弧长；

齿厚（s）——每一个轮齿在分度圆上所占的弧长；

齿槽宽（e）——每一个齿槽在分度圆上所占的弧长。

对于标准齿轮，分度圆上齿厚与齿槽相等，故 $p=s+e=2s=2e$ 或 $s=e=p/2$。

（7）模数（m）——分度圆周长 $\pi d=pz$，即 $d/z=p/\pi$，令 $p/\pi=m$（模数），则 $d=mz$。模数的实际意义是什么呢？由于模数 m 与齿距 p 成正比，故模数 m 大，齿距 p 也就大，故齿轮也大，承载能力强。为了便于设计和制造，国家标准已经将模数标准化了，见表 7-11 所示，使用时优先选用第一系列。

（8）压力角（α）——齿轮在分度圆上啮合点 P 的受力方向与两分度圆的公切线之间的夹角。我国规定的标准压力角 $\alpha = 20°$。只有模数和压力角都相同的齿轮，才能互相啮合。设计齿轮时，首先要确定模数和齿数，其他各部分尺寸都可以通过公式计算出来（表 7-12）。

表 7-11　标准模数（摘自 GB/T 1357—1987）　　　　　　　mm

第一系列	1　1.25　1.5　2　2.5　3　4　5　6　8　10　12　16　20　25　32　40　50
第二系列	1.75　2.25　2.75　(3.25)　3.5　(3.75)　4.5　5.5　(6.5)　7　9　(11) 14　18　22　28　36　45

注：选用时应优先选用第一系列，括号内的模数尽可能不用；本表未摘录小于 1 的模数。

表 7-12　标准直齿圆柱齿轮基本尺寸计算公式

基本参数：模数 m，齿数 z

序号	名　　称	符号	计　算　公　式
1	齿距	p	$p = \pi m$
2	齿顶高	h_a	$h_a = m$
3	齿根高	h_f	$h_f = 1.25m$
4	齿高	h	$h = 2.25m$
5	分度圆直径	d	$d = mz$
6	齿顶圆直径	d_a	$d_a = m(z+2)$
7	齿根圆直径	d_f	$d_f = m(z-2.5)$
8	中心距	a	$a = m(z_1 + z_2)/2$

2. 直齿圆柱齿轮的规定画法

1）单个直齿圆柱齿轮的画法

（1）齿顶圆及齿顶线用粗实线绘制；

（2）分度圆及分度线用点画线绘制；

（3）齿根圆及齿根线用细实线绘制，也可省略不画；在剖视图中，齿根线用粗实线绘制；

（4）在剖视图中，当剖切平面通过齿轮轴线时，轮齿按不剖处理。齿轮的其他部分均按投影画出（图 7-32）。

图 7-32　直齿圆柱齿轮的规定画法

图 7-33 是直齿圆柱齿轮的零件图，不仅要表示出齿轮的形状、尺寸、技术要求，还应有说明齿轮的模数、齿数等参数的表格。

模　　数	m	2
齿　　数	z_1	45
齿　形　角	a	20°
精　度　等　级		7-D $_c$
卡　入　齿　数		6
卡尺工作长度		33.734 $^{-0.13}_{-0.18}$

配偶齿轮	件号	8902
	齿数 Z_2	80

技术要求

1. 齿部表面淬火 50HRC。

2. 端面 AB 对轴线的垂直度公差为 0.03。

$\sqrt{Ra\ 12.5}$ $(\sqrt{})$

齿　轮	材料		比例	
	数量		图号	
制图			（校名）	
审核				

图 7-33　直齿圆柱齿轮零件图

2）两齿轮啮合的规定画法

两齿轮相互啮合时，分度圆处于相切的位置，此时分度圆又称为节圆。两齿轮啮合部分的规定画法如下：

（1）在投影为圆的视图中，两节圆相切。齿顶圆画粗实线，啮合区的齿顶圆也可不画。齿根圆省略不画（图 7-34(a)）；

(a)   (b)

图 7-34　直齿圆柱齿轮啮合画法

（2）在非圆投影的外形视图中,啮合区的齿顶线和齿根线可不画,节线用粗实线绘制（图 7-34(b)）；

（3）在非圆投影的剖视图中,两齿轮节线相切,用点画线绘制。齿根线用粗实线绘制。齿顶线的画法是将其中一个齿轮的轮齿作为可见,齿顶线用粗实线绘制；另一齿轮的轮齿被挡住,齿顶线画虚线,也可不画（图 7-34(a)）。不管两齿轮齿宽是否相等,一个齿轮的齿根线与另一个齿轮的齿顶线之间均应有 0.25 m 的间隙,如图 7-35 所示。

图 7-35　直齿圆柱齿轮啮合区的画法

（4）对于斜齿,在非圆外形图上用三条平行的细实线表示齿线方向,如图 7-36、图 7-37 所示。

图 7-36　斜齿圆柱齿轮的画法

图 7-37　斜齿圆柱齿轮啮合的画法

7.4　弹　簧

弹簧在机器设备中,起减震、复位、测力、贮能等作用。其特点是外力去除后,能立即恢复原状。常用的弹簧种类如图 7-38 所示,这里主要介绍圆柱螺旋压缩弹簧的有关参数及画法。

(a)　　　　(b)　　　　(c)　　　　(d)

图 7-38　常见弹簧种类

（a）压缩弹簧；（b）拉伸弹簧；（c）扭转弹簧；（d）平面涡卷弹簧

7.4.1 圆柱螺旋压缩弹簧的有关参数

(1) d——弹簧丝直径(图7-39);

(2) D——弹簧的外径;

(3) D_1——弹簧的内径,$D_1=D-2d$;

(4) D_2——弹簧的中径,$D_2=(D+D_1)/2=D_1+d=D-d$;

(5) n——保持相等节距并参与工作的圈数,称之为有效圈数;

(6) n_0——为使圆柱压缩弹簧工作平稳,两端受力均匀,制造时将弹簧两端并紧磨平,这些圈只起支撑作用而并不参与工作,称为支撑圈。一般为1.5、2、2.5圈,常用2.5圈;

(7) n_1——有效圈数和支撑圈数的总和称为总圈数;

(8) t——相邻有效圈上对应点之间的轴向距离称为节距;

(9) H_0——未受载荷时,弹簧的高度称为自由高度,$H_0=nt+(n_0-0.5)d$;

(10) L——展开长度,制造弹簧时所需的簧丝长度,$L\approx n_1\sqrt{(\pi D_2)^2+t^2}$。

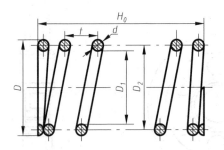

图7-39 圆柱螺旋压缩弹簧各部分参数

7.4.2 圆柱螺旋压缩弹簧的画法

1. 单个圆柱螺旋压缩弹簧的画法(图7-40)

(1) 在平行于弹簧轴线的投影的视图中,其各圈的轮廓均应画成直线;

(2) 有效圈数在4圈以上的弹簧,可在每端只画1~2圈(支撑圈除外),中间用点画线连接;

(3) 无论支撑圈多少,均可按2.5圈绘制;

(4) 无论是右旋还是左旋弹簧,均可画成右旋。但左旋弹簧,无论是画成左旋弹簧还是画成右旋弹簧,均要加注"左"字。

2. 在装配图中弹簧的简化画法

在装配图中,弹簧被看成实心物体,因而被弹簧挡住的结构一般不画出。弹簧中间各圈采用省略画法后,弹簧的结构均按不可见处理。可见轮廓只画到弹簧丝的轮廓或簧丝断面中心线处也就是弹簧中径处为止,如图7-41(a)所示;直径小于2mm的弹簧,可涂黑表示,如图7-41(b)所示,也可用示意图绘制,如图7-41(c)所示。

图 7-40　圆柱螺旋压缩弹簧的画法

（a）画支撑圈部分；（b）弹簧剖视图；（c）弹簧视图

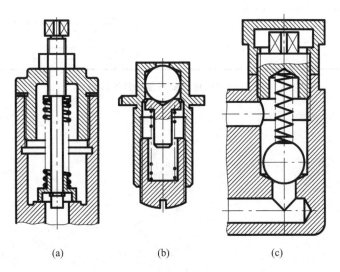

图 7-41　装配图中弹簧的画法

3. 弹簧零件图

弹簧是常用零件，设计时应画零件图。在零件图中，应注出与制造、试验有关的尺寸、参数和技术要求等。

图 7-42 是圆柱螺旋压缩弹簧的图样格式示例。弹簧的尺寸参数应直接标注在图形上，其他参数可在技术要求中说明。在主视图上方，应绘出表示弹簧力学性能曲线，力学性能曲线应画成斜直线，用粗实线绘出。

技术要求

1. 旋向：右旋。
2. 有效圈数：n=5.5。
3. 总圈数：n_t =7.5。
4. 展开长度：L=715。
5. 表面处理：发黑。
6. 热处理：HRC42~48。

弹 簧	材料		比例	1:1
	数量		图号	
制图				
审核			(校名)	

图 7-42　圆柱螺旋压缩弹簧图样格式

第8章 零 件 图

任何机器或部件都是由零件装配起来的,零件是组成机器或部件最基本的单元。表达单个零件形状、大小和技术要求的图样称为零件图。零件图是设计和生产中的重要技术文件,是制造和检验零件的依据。在生产过程中必须先依靠零件图中的尺寸、材料和数量进行备料,然后按图样所表达的零件形状、尺寸、技术要求进行加工,最后根据技术要求进行检验。

零件按其形状特点可分为轴套类、轮盘类、支架类、箱体类等四类典型零件。

本章主要介绍零件图的作用和内容,视图选择,尺寸标注,零件上常见的工艺结构,技术要求,绘制和阅读零件图的方法等内容。

8.1 零件图的作用和内容

8.1.1 零件图的作用

零件图是反映设计者意图,用于生产部门组织生产的重要技术文件,它表达了机器或部件对该零件的要求,是制造和检验零件的依据。

8.1.2 零件图的内容

图 8-1 是端盖的零件图。从图中可以看出,一张完整的零件图,应该包括以下基本内容:

(1) 图形。一组图形,其中包括视图、剖视图、断面图、局部放大图和简化画法等,用以完整、清晰、准确地表达零件内、外结构和形状。

(2) 尺寸。因为零件图是制造、检验零件的依据,所以必须标注出组成零件各部分形体的大小及其相对位置,即制造和检验零件时所需的全部尺寸,且要正确、完整、清晰、合理。

(3) 技术要求。用一些规定的代号、数字、字母和文字注解等,简明、正确地给出零件在制造、检验和使用时应达到的要求(如表面粗糙度、尺寸公差、形位公差、表面处理及热处理要求等内容)。

(4) 标题栏。说明零件的名称、数量、材料、比例及设计、绘图、审核等人员的签名等。标题栏是读图的切入点,是读者了解图样内容的开始。

图 8-1　端盖零件图

8.2　零件图的视图选择

8.2.1　零件主视图的选择

主视图是最重要的视图。在表达零件时,首先应确定主视图,然后再根据零件的复杂程度确定其他视图。在选择主视图时,应考虑以下几个原则:

(1) 加工位置原则。加工位置是指零件在机床上的装夹位置。为了使制造者看图方便,主视图的选择应尽量符合零件的主要加工位置。如轴、套、轮盘类零件,其主要加工工序是车削,故通常按这些工序的加工位置选取主视图,即轴线水平横放。

(2) 工作位置原则。工作位置是指零件在机器或部件中安装和工作时所处的位置。按照零件的工作位置选取主视图,读图比较直观,便于安装。有些零件加工部位较多,需要在不同的机床上加工,如支架、箱体类零件,这些零件一般需按工作位置选取主视图。

(3) 形状特征原则。形状特征原则是指选取最能反映零件形状特征的投影方向,作为主视图的投射方向。即在主视图上尽可能多地展现零件内外结构形状以及各组成形体之间的相对位置。如图 8-2 所示的轴承盖,如按图 8-3(a)选择主视图,清楚地表达了零件的形状,若按图 8-3(b)选择主视图时,形状特征则不明显。

图 8-2　轴承盖轴测图

另外,还应合理地利用图纸幅面,既完整、清晰地表达了零件结构形状,又使图纸幅面利用合理。若按图 8-3(b)选择主视图,则图幅就未合理使用。

(a)　　　　　　　　　　　　　　　　　　　(b)

图 8-3　合理选择视图

(a) 选择视图合理;(b) 选择视图不合理

8.2.2 其他视图的选择

零件的表达,需要选择哪些视图,主要根据零件的复杂程度和结构特点而定。主视图确定之后,合理选择其他视图,以弥补主视图的不足,达到完整、清晰表达出零件形状的目的。选择其他视图时,要注意以下几点:

(1) 每个视图都应有明确的表达重点,各个视图互相配合,互相补充而不重复;

(2) 视图数量要恰当,在把零件内、外形状、结构表达清楚的前提下,视图数量尽量少,避免重复表达。

8.2.3 各典型零件的视图选择

零件种类繁多,结构形状也不尽相同。但可根据它们的结构、用途、加工制造等方面特点,将零件分为轴套、轮盘、支架、箱体等四类典型零件。每一类零件结构上相似,所以,在视图选择上有共同之处。

1. 轴、套类零件

轴、套类零件包括各种轴、套筒等。轴主要支承传动零件(如皮带轮、齿轮等)。一般是装在机体孔中,用于定位、支承、导向或保护传动零件等。轴套类零件的结构形状比较简单,具有轴向尺寸大于径向尺寸的特点,零件上常见的工艺结构有轴肩、键槽、圆角和倒角等。

轴套类零件的切削加工主要在车床上进行,所以,一般主视图按加工位置选取,即轴线水平横放。这样,既符合轴的工作位置,也反映了轴类零件的结构特征。较长轴可用折断画法;未表达清楚的局部结构形状如键槽、退刀槽等,可采用断面图、局部放大图等补充表达(图 8-4)。

2. 轮盘类零件

轮盘类零件包括齿轮、手轮、端盖等,其毛坯多为铸件或锻件。轮盘用键、销与轴连接,用以传递运动和扭矩。盘盖可起支承、定位和密封等作用。轮盘类零件的结构形状特点是轴向尺寸小,而径向尺寸较大。零件的主体多数是由同轴回转体构成,并在径向分布有螺孔、销孔、轮辐等结构,如图 8-1 和图 8-5 所示。

轮盘类零件一般选择两个视图:主视图为轴向剖视图,表达轴向断面的结构;左视图是径向视图,表达外形特征。基本视图未能表达清楚的结构形状,可用断面图或局部视图表达,较小结构可用局部放大图表达。

3. 支架类零件

支架类零件包括拨叉、连杆等零件,多为运动件,通常起传动、连接等作用,其毛坯多为铸件或锻件。它们的结构形状差别较大,结构不规则,外形比较复杂,但都是由支承部分、工作部分和连接部分所组成。

支架类零件加工工序比较多,所以,一般按工作位置和形状特征原则选择主视图。当工作位置是倾斜的或不固定时,可将其摆正画主视图。常用局部剖视表达主体外形和局部内形,对其倾斜结构常用倾斜的剖切平面、相交的剖切平面或是断面图等方法表达,如图 8-6 所示。

图 8-4 轴类零件图

图 8-5　端盖零件图

技术要求

未注铸造圆角 R2～R5。

图 8-6　支架类零件图

图 8-6 所示支架的主视图是按工作位置和形状特征原则选择的,它表达了支架结构的特征,左上方的局部剖视图表达开槽凸缘的上边是光孔,下边是螺纹孔,右下方固定板的局部剖视表示沉孔结构,斜向连接肋板的移出断面表达连接肋板是 T 形的。左视图表示固定板形状及两个沉孔的分布情况,上方为圆筒的局部剖视图。A 向局部视图表示了开槽凸缘的形状。

4. 箱体类零件

箱体类零件一般是机器或部件中的主要零件。它主要对其他零件起支承、包容、定位等作用,毛坯多为铸件。

箱体类零件的内、外结构都比较复杂,并多带有安装孔的底板,上面常有凸台或凹坑结构,还有轴承孔、肋板等结构,过渡线较多。

由于箱体类零件加工部位多,因此主视图多按形状特征和工作位置选择。主视图常采用剖视,其投影方向应反映形体特征,由于箱体类零件的外形和内腔都很复杂,所以,常需三个或三个以上的基本视图,并作适当剖视表达主体结构。基本视图没有表达清楚的部分可用局部剖视、断面等表达。对加工表面的截交线、相贯线和非加工表面的过渡线应认真分析。

图 8-7 是减速器箱体零件图,共有四个基本视图和两个局部视图,根据视图的配置关系可知,A—A 剖视图为主视图,按工作位置配置,在俯视图上,可找到其剖切平面的剖切位置 A—A。左视图为全剖视图,在主视图上,可找到其剖切平面的剖切位置 B—B。A—A、B—B 剖视图和表达外形的俯视图是按投影规律配置的。C—C 剖视图和两个局部视图 D、E,可以从标注中找出它们与基本视图之间的投影关系。

8.3　零件图的尺寸标注

零件图的尺寸标注要正确、完整、清晰、合理。对于前三项要求,前面已有介绍,这里主要讨论尺寸标注的合理性问题。

所谓尺寸标注的合理性,是指标注的尺寸既要符合零件的设计要求,又要便于加工和检验。这就要根据零件的设计和工艺要求正确地选择尺寸基准和恰当地配置尺寸。显然,只有具备较多的零件设计和工艺知识,才能满足尺寸标注合理的要求,而有关这方面的知识,要通过今后专业课的学习和参加生产实践来掌握,这里只作初步介绍。

8.3.1　尺寸基准的选择

尺寸基准是指零件在设计、制造和测量时,确定尺寸位置的几何要素。基准的选择直接影响零件能否达到设计要求,以及加工是否可行和方便。根据基准的作用,基准可分为两类。

1. 设计基准

根据机器的结构和设计要求,用以确定零件在机器中位置的一些面、线、点,称为设计基准。如图 8-8(a)所示,依据轴线及右轴肩确定齿轮轴在机器中的位置,因此该轴线和右轴肩端平面分别为齿轮轴径向和轴向的设计基准。

技术要求
1. 未注圆角 R2~R4。
2. 铸件应经人工时效处理。

$\sqrt{\ }$ ($\sqrt{\ }$)

材料	HT150	比例	1:1
数量	1	图号	

箱 体

（校 名）

制图
审核

图 8-7 减速器箱体零件图

图 8-8　设计基准与工艺基准

2. 工艺基准

　　根据零件加工制造、测量和检验等工艺要求所选定的一些面、线、点,称为工艺基准,如图 8-8(b)所示。根据工艺基准的原则该零件的轴线和左、右端面分别作为径向和轴向的工艺基准。

　　一般情况下设计基准与工艺基准是可以做到统一的,当两者不能统一时,要按设计基准标注尺寸。

　　可作为设计基准或工艺基准的面、线、点主要有:大的平面、孔的轴线等。

8.3.2　合理标注尺寸应注意的一些问题

1. 功能尺寸必须直接注出

　　影响产品工作性能和装配技术要求的尺寸,称为功能尺寸。为了保证零件质量,又要避免不必要地提高产品成本,在加工时,图样中所标注的尺寸都必须保证其精度要求,没有注出的尺寸则不保证。因此,功能尺寸必须直接注出,如图 8-9(a)所示。

图 8-9　轴承架的功能尺寸

(a) 正确注法;(b) 错误注法

图 8-9(a)表示从设计基准出发标注轴承架的功能尺寸。轴承架在机器中的位置是由接触面 Ⅰ，Ⅱ，Ⅲ来确定的，这三个面分别是轴承架长、宽和高的设计基准。图 8-9(b)所示的注法是错误的。从这里可以看出，如果不考虑零件的设计和工艺要求，标注零件图的尺寸，往往不能达到合理性的要求。

2. 不能标注成封闭尺寸链

如图 8-10(b)所示，尺寸是首尾相接组成了封闭的图形，称为封闭尺寸链。若尺寸 A 比较重要，则尺寸 A 将受到尺寸 B，C 的影响而难于保证，因此，不能注成封闭尺寸链。解决的方法是将不重要的尺寸 B 不标注尺寸，称之为开口环。这种标注方法，尺寸 A 也就不受尺寸 C 的影响，A，C 尺寸的误差都可积累到不注尺寸的开口环 B 上，如图 8-10(a)所示。

图 8-10　不注成封闭尺寸链

(a) 正确注法；(b) 错误注法

3. 标注尺寸要考虑工艺要求

(1) 按加工顺序标注尺寸：即符合加工过程，又便于加工测量。如图 8-11 所示的小轴，仅尺寸 51 是功能尺寸(长度方向)，要直接注出，其余都按加工顺序标注。为了便于备料，注出了轴的总长 128(图 8-12(a))；为了加工 $\phi35$ 的轴颈，直接注出了尺寸 25(图 8-12(b))；调头加工 $\phi40$ 的轴颈，应直接注出尺寸 74(图 8-12(c))；在加工 $\phi35$ 时，应保证功能尺寸 51 (图 8-12(d))；为了加工键槽孔，注出了键槽长 45 和键槽的定位尺寸 3(图 8-12(e))。这样标注即保证了设计要求，又符合加工顺序。

图 8-11　轴的零件图

(2) 要符合制造工艺要求。如图 8-13(a)中所示的轴承盖半圆孔，是与轴承座的半圆孔合在一起加工出来的。因此，不应标注半径尺寸而应注出直径 $\phi40$ 和 $\phi45$。图 8-13(b)是轴的零件图，它的半圆键也要求标注直径尺寸而不能标注半径尺寸。

图 8-12　轴的加工顺序与标注尺寸的关系

图 8-13　标注尺寸要符合制造工艺要求

　　（3）毛坯面尺寸标注。在同一方向有若干个毛坯面,一般只能有一个毛坯面与加工面有联系尺寸,即以加工面定位,其他毛坯面与毛坯面间应有尺寸联系,如图 8-14 所示。

图 8-14　毛坯尺寸标注

（a）合理；（b）不合理

（4）要便于测量，尽量做到使用普通量具就能直接测量尺寸（图 8-15）。

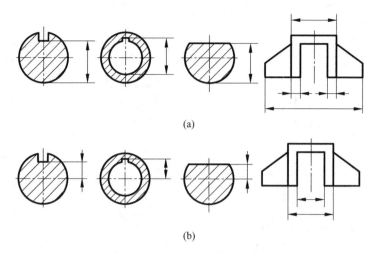

图 8-15 标注尺寸要便于测量

（a）便于测量；（b）不便于测量

零件上常见结构的尺寸注法如表 8-1 所示。

表 8-1 零件上常见结构的尺寸注法

序号	类型	简 化 注 法		一 般 注 法
1	光孔	4×φ4▽10	4×φ4▽10	4×φ4
2		4×φ4H7▽10 孔▽12	4×φ4H7▽10 孔▽12	4×φ4H7
3	螺孔	3×M6—7H	3×M6—7H	3×M6—7H
4		3×M6—7H▽10 孔▽12	3×M6—7H▽10 孔▽12	3×M6—7H

续表

序号	类型	简 化 注 法		一 般 注 法
5				
6	沉孔			
7				
8	45°倒角注法			
9	30°倒角注法			
10	退刀槽越程槽注法			

8.4　零件上常见的工艺结构

　　零件的结构形状,不仅要满足零件在机器中使用的要求,而且在制造零件时还要符合制造工艺的要求。常见的工艺结构有铸造工艺结构和机械加工结构,根据两种不同的工艺方法,产生的结构特点也不同,无论是在画图或是在看图中都要注意。下面介绍几种常见的工艺结构。

8.4.1　零件上铸造工艺结构

1. 拔模斜度

铸造零件在制造毛坯时,为了将木模从型砂中顺利取出来,在铸件的外壁或内壁上沿拔模方向常作成一定的斜度,称为拔模斜度,如图 8-16(a)所示。一般斜度为 1:20,铸件的拔模斜度在图中也可不画、不注。

图 8-16　拔模斜度及铸造圆角

2. 铸造圆角

为了便于铸件造型时拔模,防止浇铸铁水时冲坏沙型转角处,同时避免铁水冷却时产生缩孔和裂缝,应将铸件转角制成圆角,这种圆角称为铸造圆角。画图时,应注意毛坯面的转角处都要有圆角;若是加工面,则圆角被加工掉了,要画成尖角或倒角,如图 8-16所示。

3. 过渡线

由于铸件毛坯表面的转角处有圆角,因此其表面交线不明显。为了便于看图,仍然要画出交线,但交线两端不与轮廓线的圆角相交,这种交线称为过渡线。过渡线的画法与没有圆角时的交线画法完全相同,只是在表示时有些差别,是用细实线绘制。在视图中常见过渡线的画法,如图 8-17～图 8-19 所示。

图 8-17　两曲面相交的过渡线画法

图 8-18　平面与平面、平面与曲面相交的过渡线画法

图 8-19　肋板与圆柱过渡线画法

4. 铸件壁厚

为保证铸件的铸造质量,防止铸件壁厚不均匀导致铁水冷却速度不同而产生缩孔、裂纹等铸造缺陷,应使铸件壁厚均匀或逐渐变化,不宜相差过大,在两壁相交处应有拔模斜度,如图 8-20 所示。

图 8-20　铸件壁厚

(a) 正确；(b) 不正确

8.4.2 零件上的机械加工工艺结构

1. 倒角和圆角

为了去掉切削零件时产生的毛刺、锐边,在使用中操作安全、保持装配面便于装配,常在轴或孔的端部等处加工成倒角,其画法及尺寸注法如图 8-21 所示。倒角多为 $45°$,有时也为 $30°$ 或 $60°$。$45°$ 倒角注成 C,如 $C2$(倒角度数 $45°$,宽度为 2)。

为了避免在台肩等转折处由于应力集中而产生裂纹,常常加工出圆角(图 8-22)。

图 8-21 倒角画法及尺寸标注　　　　　图 8-22 圆角画法及尺寸标注

2. 退刀槽和砂轮超程槽

为了在切削零件时容易退出刀具,保证加工质量及装配时与相关零件易于靠紧,常在加工表面的台肩处先加工出退刀槽(图 8-23(a)、(b))或砂轮越程槽(图 8-23(c))。

(a)　　　　　　(b)　　　　　　(c)

图 8-23 退刀槽与砂轮越程槽

3. 钻孔

用钻头钻孔时,被加工零件的结构设计应考虑到加工方便。此外,应避免钻头单边受力产生弯曲将孔钻斜,或使钻头折断。因此,钻头的轴线应垂直于被钻孔的端面。如果钻孔表面是斜面或曲面,应预先设置与钻孔方向垂直的平面、凸台或凹坑,如图 8-24(a)所示。钻削盲孔时,在孔的底部有 $120°$ 锥角,钻孔深度尺寸不包括锥角。在钻阶梯孔的过渡处也存在 $120°$ 的锥角的圆台,其圆台孔深也不包括锥角,如图 8-24(b)所示。

4. 凸台或凹坑

为使配合面接触良好,并减少切削加工面积,应在接触处制成凸台或凹坑等结构(图 8-25)。

图 8-24 钻孔结构及钻孔深度

图 8-25　凸台或凹坑

8.5　零件图上的技术要求

作为指导生产的重要技术文件,零件图上除了视图和各种尺寸外,还必须有制造该零件时应达到的质量要求,通常称为技术要求。零件图上的技术要求是指用一些规定的符号、数字、字母和文字注释,简明、准确地说明零件在使用、制造和检验时,应达到的一些要求。它主要包括零件表面结构、极限与配合、几何公差、材料的热处理与表面处理要求等。

8.5.1　表面结构

表面结构包括表面粗糙度、表面波纹度、表面纹理、表面缺陷和表面几何形状等。国家标准(GB/T 131—2006)具体规定了表面结构的各项要求在图样上的表示法,本节只简要介绍常用的表面粗糙度表示法。

1. 表面粗糙度的概念

在机械加工的零件表面,由于刀具在零件表面上留下刀痕和切削时表面金属的塑性变形等影响,使零件表面存在着间距较小的轮廓峰谷,这种在加工表面上具有较小间距和峰谷所组成的微观几何形状特征,称为表面粗糙度,如图 8-26 所示。机器设备对零件各个表面的要求不一样,如配合性质、耐磨性、抗腐蚀性、密封性、外观要求等,因此,对零件表面粗糙度的要求也有不同。一般来说,凡零件上有配合要求或有相对运动的表面,表面粗糙度参数值要求小。

零件表面粗糙度是评定零件表面质量的一项技术指标,零件表面粗糙度要求越高,表面粗糙度参数值就越

图 8-26　表面粗糙度的概念

小,加工成本也就越高。因此,应在满足零件表面功能的前提下,合理选用表面粗糙度参数。

2. 表面粗糙度的评定参数

对于零件表面结构微观几何特性,可由三大类参数加以评定,即轮廓参数(GB/T 3505—2009)、图形参数(GB/T 18618—2009)和支承率曲线参数(GB/T 18778.2—2003、GB/T 18778.3—2006)。其中在我国机械图样中最常用的评定的参数是轮廓参数,它包括 R 参数(粗糙度参数)、W 参数(波纹度参数)和 P 参数(原始轮廓参数)。

评定零件表面粗糙度的主要参数有轮廓算术平均偏差 Ra 和轮廓最大高度 Rz,使用时优先选用参数 Ra。

1) 轮廓算术平均偏差 Ra

轮廓算术平均偏差 Ra 是指在取样长度 lr(用于判别具有表面粗糙度特征的一段基准线长度)内,被测轮廓上各点至基准线 OX 距离绝对值的算术平均值,如图 8-27 所示,用公式可表示为

$$Ra = \frac{1}{lr}\int_0^{lr} |Z(X)| \, d(X) \approx \frac{1}{n}\sum_{i=1}^{n} |Zi|$$

图 8-27　表面粗糙度的图示表达

轮廓算术平均偏差 Ra 数值见表 8-2 所示。

表 8-2　轮廓算术平均偏差 Ra 值　　　　　　　　　　　　　　　　μm

0.012	0.025	0.05	0.10	0.20	0.40	0.80
1.6	3.2	6.3	12.5	25	50	100

2) 轮廓最大高度 Rz

在取样长度 lr 内,轮廓峰顶线(通过轮廓最高点并与基准线平行的线)和轮廓谷底线(通过轮廓最低点并与基准线平行的线)之间的距离为 Rz,如图 8-27 所示。

3. 表面粗糙度的图形符号

在图样中,对表面结构的要求可用几种不同的图形符号表示。标注时,图形符号应附加对表面结构的补充要求。在特殊情况下,图形符号也可以在图样中单独使用,以表达特殊意义。

各种图形符号及其含义见表 8-3 所示。

表 8-3　表面粗糙度符号的意义及画法

符号名称	符号	含义
基本图形符号		基本图形符号，简称基本符号 表示对表面结构有要求的符号，以及未指定工艺方法的表面。基本符号仅用于简化代号的标注，当通过一个注释解释时可单独使用，没有补充说明时不能单独使用
扩展图形符号		要求去除材料的图形符号，简称扩展符号 在基本符号上加一横线，表示指定表面是用去除材料的方法获得，如：车、铣、钻、磨、剪切、抛光、腐蚀、电火花加工、切割等
		不允许去除材料的图形符号，简称扩展符号 在基本符号上加一圆圈，表示指定表面是用不去除材料的方法获得，如：铸、锻、冲压、热轧、冷轧、粉末冶金等；或者是保持上道工序的状况或原供应状况
完整图形符号		完整图形符号，简称完整符号 在上述三个符号的长边上均可加一横线，用于对表面结构有补充要求的标注
工件轮廓各表面的图形符号		当在图样某个视图上构成封闭轮廓的各表面有相同的表面结构要求时，应在完整符号上加一圆圈，标注在图样中工件的封闭轮廓线上，如果标注会引起歧义时，各表面应分别标注
	H_2　H_1　h　$Ra\,3.2$　$60°$	符号画法 图形符号的尺寸见表 8-4

表 8-4　图形符号的尺寸（GB/T 131—2006）

数字和字母高度 h	2.5	3.5	5	7	10	14	20
符号线宽	0.25	0.35	0.5	0.7	1	1.4	2
字母线宽							
高度 H_1	3.5	5	7	10	14	20	28
高度 H_2（最小值）	7.5	10.5	15	21	30	42	60

4. 表面粗糙度图形符号的组成及注写位置

为了明确表面粗糙度要求，除了标注表面粗糙度参数和数值外，必要时应标注补充要求。在标注的完整符号中，对表面粗糙度的单一要求和补充要求应注写在图 8-28 所示的指定位置。

位置 a—注写结构参数代号、极限值、取样长度等
位置 a 和 b—注写两个或多个表面结构要求
位置 c—注写加工方法、表面处理、涂层或其他加工
工艺要求等
位置 d—注写所要求的表面纹理和纹理方向
位置 e—注写所要求的加工余量

图 8-28　表面粗糙度要求的注写位置

5. 表面结构参数及标注

在图样上标注表面粗糙度要求时,除标注粗糙度参数(从粗糙度轮廓上计算所得的参数——R 轮廓参数)的代号和数值(如 Ra 1.6 和 Rz 6.3)外,还应标注取样长度、评定长度和极限值等信息(为了简化标注,标准中规定了一系列的默认值,不必在代号中标注),下面分别对这些参数及其标注作以介绍。

1) 取样长度和评定长度

(1) 取样长度(lr)　用于判别被评定轮廓不规则特征的一段基准线长度。截取的长度不同,测出的数值不同。选择的取样长度过小,所包含的峰谷数可能过少,这样就不能确切地反映该表面的粗糙度。因此,在通常情况下,所选取的取样长度,一定要包含五个以上的峰谷,否则应选择较大的一级数值。

(2) 评定长度(ln)　用于判别被评定轮廓所必需的一段长度,零件加工表面的粗糙度不一定均匀一致,若按相同的取样长度 lr 一次测量几段,所得粗糙度数值不尽一致,有时差别甚至很大。为了充分合理地反映加工表面的粗糙度,在测量时必须选取一段能反映这种特性的最小长度,它可能包括一个或几个取样长度,这个长度就是评定长度。

标准中规定,粗糙度参数的默认评定长度 ln,由 5 个取样长度 lr 构成:$ln = 5 \times lr$。

2) 极限值及其判断规则

极限值是指图样上给定的粗糙度参数值(单向上限值、下限值、最大值或双向上限值和下限值)。极限值的判断规则是指在完工零件表面上测出实测值后,如何与给定值比较,以判断其是否合格的规则。极限值的判断规则有两种:

(1) 16％规则　当所注参数为上限值时,用同一评定长度测得的全部实测值中,大于图样上规定值的个数不超过测得值总个数的 16％时,则该表面是合格的。

对于给定表面参数下限值的场合,如果用同一评定长度测得的全部实测值中,小于图样上规定值的个数不超过总数的 16％时,该表面也是合格的。

(2) 最大规则　是指在被检的整个表面上测得的参数值中,一个也不应超过图样上的规定值。为了指明参数的最大值,应该在参数代号后面增加一个"max"的标记,例如:Rz max。

16％规则是所有表面结构要求标注的默认规则。当参数代号后无"max"字样者均为"16％规则"(默认)。

当标注单向极限要求时,一般是参数的上限值(16％规则或最大规则的极限值),此时不必加注说明;如果是指参数的下限值,则应在参数代号前加"L",例如:L Ra 6.3(16％规则)、L Ra max 1.6(最大规则)。

表示双向极限时应标注极限代号,上限值在上方用 U 表示,下限值在下方用 L 表示。

3) 传输带

划分零件表面轮廓的基础是波长。每种轮廓都定义在一定的波长范围内,这个波长范围被称为该轮廓的传输带,用截止短波波长值和截止长波波长值表示。传输带的截止长、短波波长值分别由长波滤波器和短波滤波器限定。传输带的标注用长、短滤波器的截止波长(单位:mm)表示,短波波长在前,长波波长在后,并用连字符"-"隔开,例如 0.008-0.8。

如果采用默认传输带,则在参数代号前不标注传输带。如果两个截止波长中有一个为默认值,则只标注另一个,且应保留连字符,例如-0.8,表示短波波长为默认值。

6. 表面粗糙度代号的含义

表面粗糙度代号的含义及其解释见表 8-5 所示。

表 8-5　表面粗糙度高度参数标注示例及其意义

序号	符　　号	意　　义
1	$Rz\ 3.2$	表示不允许去除材料,单向上限值,默认传输带,R 轮廓,粗糙度的最大高度 3.2 μm,评定长度为 5 个取样长度(默认),"16%规则"(默认)
2	$Rzmax\ 6.3$	表示去除材料,单向上限值,默认传输带,R 轮廓,粗糙度最大高度的最大值 6.3 μm,评定长度为 5 个取样长度(默认),"最大规则"
3	$U\ Ra\ 3.2$ $L\ Ra\ 0.8$	表示去除材料,双向极限值,两极限值均使用默认传输带,R 轮廓,上限值算术平均偏差 3.2 μm,下限值算术平均偏差 0.8 μm,评定长度均为 5 个取样长度(默认),"16%规则"(默认)
4	$L\ Ra\ 1.6$	表示任意加工方法,单向下限值,默认传输带,R 轮廓,算术平均偏差 1.6 μm,评定长度为 5 个取样长度(默认),"16%规则"(默认)
5	$-Ra\ 1.6$	表示去除材料,单向上限值,默认传输带,R 轮廓,粗糙度的算术平均偏差 1.6 μm,评定长度为 5 个取样长度(默认),"16%规则"(默认)

7. 表面粗糙度要求在图样上的标注

表面粗糙度要求对每一表面一般只标注一次,并尽可能注在相应的尺寸及其公差的同一视图上。除非另有说明,所标注的表面粗糙度要求是对完工零件表面的要求。表 8-6 列举了表面粗糙度的标注示例。

表 8-6　表面粗糙度要求在图样上的标注方法示例

要求	图　例	说　明
表面粗糙度要求的注写方向		表面粗糙度的注写和读取方向与尺寸的注写和读取方向一致
表面粗糙度要求标注在轮廓线上或指引线上		表面粗糙度要求可标注在轮廓线上,其符号应从材料外指向并接触表面
		必要时,表面粗糙度要求也可以用带箭头或黑点的指引线引出标注

续表

要　求	图　　例	说　　明
表面粗糙度要求在特征尺寸线上的标注	$\phi120H7$　$\sqrt{Ra\ 12.5}$ $\phi120h6$　$\sqrt{Ra\ 6.3}$	在不引起误解的情况下,表面粗糙度要求可以标注在给定的尺寸线上
表面粗糙度要求在几何公差框格上的标注	$\sqrt{Ra\ 1.6}$　$\sqrt{Rz\ 6.3}$ $\phi10\pm0.1$　$\oplus$ $\phi0.2$ A B	表面粗糙度可标注在几何公差框格的上方
表面粗糙度要求在延长线上的标注	$\sqrt{Rz\ 1.6}$　$\sqrt{Rz\ 6.3}$　$\sqrt{Rz\ 6.3}$ $\sqrt{Rz\ 6.3}$　$\sqrt{Rz\ 1.6}$	表面粗糙度可以直接标注在延长线上,或用带箭头的指引线引出标注。 圆柱或棱柱表面粗糙度要求只标一次
表面粗糙度要求在延长线上的标注	$\sqrt{Ra\ 3.2}$　$\sqrt{Rz\ 1.6}$　$\sqrt{Ra\ 6.3}$ $\sqrt{Ra\ 3.2}$	如果棱柱的每个表面有不同的表面粗糙度要求时,则应分别单独标注
大多数表面(包括全部)有相同表面粗糙度要求的简化标注	$\sqrt{Rz\ 6.3}$　$\sqrt{Rz\ 1.6}$ $\sqrt{Rz\ 3.2}$ $(\sqrt{\ })$　　$\sqrt{Rz\ 6.3}$　$\sqrt{Rz\ 1.6}$ $\sqrt{Rz\ 3.2}$ $(\ \sqrt{Rz\ 1.6}\ \sqrt{Rz\ 6.3}\ )$	如果工件的多数表面有相同的表面粗糙度要求,则其要求可统一标注在标题栏附件。此时,表面粗糙度要求的符号后面要加上括号,并在括号内画出基本符号或已标注表面的表面粗糙度要求。
多个表面有共同要求的注法	$\sqrt{z}$　$\sqrt{y}$ $\sqrt{z}=\sqrt{\dfrac{U\ Rz\ 1.6}{L\ Ra\ 0.8}}$ $\sqrt{y}=\sqrt{Ra\ 3.2}$	可用带字母的完整符号,以等式的形式,在图形或标题栏附近,对有相同表面结构要求的表面进行标注

表面粗糙度是保证零件表面质量的技术要求。它的选用既要满足零件表面的功能,又要考虑零件加工经济合理。因此在满足功能的前提下,尽量选用较大的数值,以减少生产成本。具体选用时常采用类比法:工作表面的数值应小于非工作表面的数值,配合表面的数值应小于非配合表面的数值,相对运动速度高的表面的数值应小于运动速度低的表面的数值。表 8-7 为表面粗糙度 Ra 的数值以及与其相对应的加工方法和应用举例,供选用时参考。

表 8-7　Ra 数值与其相应的加工方法和应用举例

$Ra/\mu m$	表面特征	主要加工方法	应用举例
50	明显可见刀痕	粗车、粗铣、粗刨、钻、粗纹锉刀和粗砂轮加工	为表面粗糙度最低的表面,一般很少应用
25	可见刀痕		
12.5	微见刀痕	粗车、刨、立铣、平铣、钻	不接触表面、不重要的接触面,如螺钉孔、倒角、机座底面等
6.3	可见加工痕迹		
3.2	微见加工痕迹	精车、精铣、精刨、铰、镗、粗磨等	没有相对运动的零件接触面,如箱、盖、套筒要求紧贴的表面、键和键槽工作表面;相对运动速度不高的接触面,如支架孔、衬套、带轮轴孔的工作表面
1.6	看不见加工痕迹		
0.80	可辨加工痕迹方向		
0.40	微辨加工痕迹方向	精车、精铰、精拉、精镗、精磨等	要求有很好配合的接触面,如与滚动轴承配合的表面、锥销孔等;相对运动速度较高的接触面,如滚动轴承的配合表面、齿轮轮齿的工作表面等
0.20	不可辨加工痕迹方向		
0.10	暗光泽面		
0.05	亮光泽面	研磨、抛光、超级精细研磨等	精密量具的表面、极重要零件的摩擦面,如汽缸的内表面、精密机床的主轴颈、坐标镗床的主轴颈等
0.025	镜状光泽面		
0.012	雾状镜面		
0.006	镜面		

8.5.2　极限与配合

极限与配合是零件图和装配图中一项重要的技术要求,也是检验产品质量的技术指标。它们的应用几乎涉及国民经济的各个部门。国家标准对极限与配合的有关问题作了相应的规定。

1. 零件的互换性

从一批规格相同的零件中任选一个不经任何修配就能装到机器上去,并能满足使用要求的性质称为互换性。现代化工业要求机器零(部)件具有互换性。这样,既能满足各生产部门广泛的协作要求,又能进行高效率的专业化生产。如常用的螺钉、螺栓、螺母、垫片等零件具有互换性。

保证零件的互换性并不是要求每个零件都做得绝对一样。在生产实际中,由于各种因素的影响,如刀具、机床精度、工人技术水平等,实际制成的零件尺寸与理论设计尺寸不可能完全一样,在使用上也没这个必要,而是根据零件的工作要求,给零件的尺寸规定一个许可的误差范围(公差)来保证零件的互换性。

2. 公差的基本概念、术语和定义

(1) 基本尺寸——设计给定的尺寸。一般根据计算和结构上的需要所确定。

(2) 实际尺寸——通过测量得到的尺寸。

(3) 极限尺寸——允许尺寸变动的两个极限值,分为最大极限尺寸和最小极限尺寸,是以基本尺寸为基数来确定的。

(4) 尺寸偏差——某一尺寸减去基本尺寸所得的代数差。

(5) 极限偏差——极限尺寸减去基本尺寸所得的代数差,分为上偏差和下偏差。最大极限尺寸减去基本尺寸所得的代数差为上偏差,最小极限尺寸减去基本尺寸所得的代数差为下偏差。国标规定偏差代号:孔的上下偏差分别用 ES 和 EI 表示,轴的上下偏差分别用 es 和 ei 表示。

(6) 尺寸公差——允许尺寸的变动量,即最大极限尺寸与最小极限尺寸之差,也等于上偏差与下偏差的代数差,尺寸公差恒为正值,如图 8-29 所示。

图 8-29　公差的概念与术语

(7) 零线——在公差带图中确定偏差的一条基准直线,即零偏差线。通常以零线表示基本尺寸。

(8) 公差带——在公差带图中,由代表上下偏差的两条直线所限定的区域,如图 8-30 所示。

图 8-30　公差带图的概念

(9) 标准公差——国家标准规定的用以确定公差带大小的标准化数值。

(10) 公差等级——用于确定尺寸精度高低的值。其精度等级依次为 IT01、IT0、IT1、IT2～IT18,精度由高到低。

（11）公差带代号——由基本偏差代号和公差等级代号组成。基本偏差代号用字母表示，大写表示孔，小写表示轴，如图 8-31 所示。

图 8-31　公差带位置的确定

（12）基本偏差——在公差带图中，用以确定公差带相对于零线位置的上偏差或下偏差。一般是指靠近零线的那个偏差，如图 8-32 所示。

图 8-32　基本偏差系列图

3. 配合的基本概念、术语和定义

基本尺寸相同的、相互结合的孔和轴公差带之间的关系，称为配合。根据使用的要求不同，孔和轴之间的配合有松有紧，因而配合分为三类：间隙配合、过盈配合、过渡配合。

（1）间隙配合——具有间隙（包括最小间隙为零）的配合。此时，孔公差带总位于轴公差带之上（图 8-33）。

（2）过盈配合——具有过盈（包括最小过盈为零）的配合。此时，孔公差带总位于轴公差带之下（图 8-33）。

（3）过渡配合——可能具有间隙或过盈的配合。此时，孔公差带和轴公差带相互交叠（图 8-33）。

在加工相互配合的零件时，使其中一种零件作为基准件，它的基本偏差固定，通过改变另一种零件的基本偏差来获得各种不同性质配合的制度称为配合制，根据生产实际需

要,国家标准规定了两种配合制。

(1) 基孔制——基本偏差为一定的孔的公差带,与不同基本偏差的轴的公差带形成的各种配合的一种制度,如图 8-33(a)所示。

(2) 基轴制——基本偏差为一定的轴的公差带,与不同基本偏差的孔的公差带形成各种配合的一种制度,如图 8-33(b)所示。

图 8-33 基孔制和基轴制配合

4. 公差与配合在零件图上的标注

公差与配合在零件图中的标注,如图 8-34 所示,在零件图中标注尺寸公差应注意以下几点:

(1) 标注偏差数值时,上、下偏差的小数点必须对齐,小数点的位数必须相同;

(2) 当上、下偏差数值为 0 时要标出,并与上、下偏差的整数位对齐;

(3) 当上、下偏差的绝对值相同时,要注出 ±,且与基本尺寸数值高度相同。

图 8-34 零件图中尺寸公差的标注

5. 公差与配合在装配图中的标注

在装配图上标注公差与配合,采用组合式注法:即在基本尺寸后面用一分数形式表示,分子为孔的公差带代号,分母为轴的公差带代号。通常分子中含 H 的为基孔制配合,分母中含 h 的为基轴制配合,如图 8-35 所示。

图 8-35　装配图中尺寸公差与配合的标注

8.5.3　几何公差及其标注

为了满足互换性的要求,对精度要求较高的零件,不仅要有表面粗糙度、尺寸公差的要求,而且还要保证其几何公差。几何公差包括形状、方向、位置和跳动公差。

形状公差是零件表面的实际形状对其理想形状所允许的变动量。构成零件几何特征的线、面实际形状,相对其理想形状的变动量称为形状误差,如图 8-36 所示,经过加工的销轴,轴线变弯曲了,产生了直线度误差。

位置公差是零件表面或轴线的实际位置对理想位置所允许的变动量。构成零件几何特征的线、面实际位置,相对其理想位置的变动量称为位置误差。如图 8-36(b)所示,阶梯轴加工后,其两段圆柱轴线不在同一条直线上,因而两段圆柱体间产生了同轴度误差。

(a)　　　　　　　　　　　　　　(b)

图 8-36　形状与位置误差

1. 几何公差的几何特征和符号

国家标准规定的几何公差的类型、几何特征和符号如表 8-8 所示。

表 8-8　形状和位置公差项目符号（GB/T 1182—2008）

公差类型	几何特征	符号	有无基准	公差类型	几何特征	符号	有无基准
形状公差	直线度	—	无	位置公差	位置度	⊕	有
	平面度	▱	无		同心度（用于中心点）	◎	有
	圆度	○	无				
	圆柱度	⌭	无		同轴度（用于轴线）	◎	有
	线轮廓度	⌒	无				
	面轮廓度	⌓	无		对称度	═	有
方向公差	平行度	//	有		线轮廓度	⌒	有
	垂直度	⊥	有		面轮廓度	⌓	有
	倾斜度	∠	有	跳动公差	圆跳动	↗	有
	线轮廓度	⌒	有		全跳动	↗↗	有
	面轮廓度	⌓	有				

2. 几何公差在图样上的标注

国标规定，在图样上应用代号标注几何公差。几何公差的代号由几何特征的符号（见表 8-8）、几何公差框格和指引线、几何公差数值及其他内容组成，如图 8-37 所示。当无法采用代号标注时，允许在技术要求中用文字说明。

图 8-37　几何公差框格和基准符号

1）几何公差框格及指引线

几何公差框格用细实线画出，分成两格或多格，一般水平或垂直放置。第一格填写形位公差项目的符号，第二格填写形位公差数值和有关符号，第三格以及以后各格填写基准代号的字母。框格的高度为图样中字体高度的两倍，长度按需要确定，框格中的字母和数字高度与图样中的字体高度相同。

2）被测要素

框格一端与指引线相连，指引线的箭头指向被测要素的轮廓线或其延长线。当被测定的要素为线或表面时，从框格引出的指引线箭头应指在该要素的轮廓线或其延长线上；当被测要素是轴线时，指引线箭头应与该要素的尺寸线对齐。

3）基准符号

基准符号用一个大写字母表示，标注在基准方格内，并与一个涂黑的或空白的三角形相连来表示基准，如图 8-37(b)所示。表示基准的字母还应标注在公差框格内，无论基准符号在图样上方向如何，方格内的字母均应水平书写。涂黑的或空白的基准三角形含义相同。

当基准要素是线或表面时，基准符号应靠近该要素的轮廓线或延长线标注，并与该要素的尺寸线明显错开。当被测要素是轴线、中心平面和球心时，基准符号应与该要素的尺寸线对齐。

4）公差数值

公差数值是指形位公差的数值，如无特殊说明，一般指被测要素全长上的公差值，如被测部位仅为被测要素的某一部分时，应采用细实线画出被测量的范围，并注出此范围的尺寸。

形位公差标注及解释如表 8-9、表 8-10 所示。

表 8-9　形状公差的标注及解释

标 注 示 例	标 注 解 释
	被测要素为平面，指引线箭头指在表示平面的轮廓上，平面度的公差值为 0.015
	被测要素为圆柱面，圆柱度的公差为 0.006
	被测要素为 ϕd 的轴线，指引线应与 ϕd 的尺寸线对齐。ϕd 圆柱轴线的直线度公差值为 $\phi 0.008$
	被测要素为公共轴线，指引线的箭头可直接指在轴线上，公共轴线的直线度公差值为 $\phi 0.012$

表 8-10　位置公差的标注及解释

标 注 示 例	标 注 解 释
	左侧箭头所指平面为被测要素,右侧平面为基准要素,被测平面对于基准平面的平行度公差值为 0.025
	被测要素为 $\phi d1$ 的轴线,基准要素为 $\phi d2$ 的轴线,$\phi d1$ 的轴线对于基准轴线的同轴度公差值为 $\phi 0.015$
	被测要素为槽宽 B 的对称中心面,对基准要素为尺寸 A 的对称中心面的对称度公差值为 0.025
	被测要素为 ϕd 圆柱面的轴线,基准要素为较大圆柱的左端面,ϕd 的轴线对于较大圆柱左端面的垂直度公差值为 $\phi 0.02$
	被测要素为两圆孔(ϕd)的公共轴线,基准要素为底面,ϕd 的公共轴线对于底面的平行度公差值为 0.025
	被测要素为中间大圆柱的表面,基准要素为左、右两圆柱的轴线,大圆柱表面对于两圆柱轴线的圆跳动公差值为 0.02

3. 形位公差标注示例

如图 8-38 所示,各框格解释如下:

图 8-38 形状和位置公差举例

(1) 圆柱面 ϕ16f7 的圆柱度公差为 0.005;

(2) 球面 SR750 对于圆柱面 ϕ16f7 轴线的圆跳动公差为 0.03;

(3) 螺纹孔 M8×1 的轴线对于圆柱面 ϕ16f7 的轴线同轴度公差为 ϕ0.1。

8.6 看零件图

看零件图的目的是根据零件图了解零件的名称、用途、材料等内容,通过分析视图,分析尺寸,想象出零件结构形状和大小,了解零件的各项技术要求,以确定加工方法和检验手段。下面以图 8-39 所示的缸体零件图为例,说明看零件图的方法和步骤。

8.6.1 看标题栏

看零件图标题栏,了解零件的名称、材料、数量、图样比例、图号等,大致了解零件的用途、结构特点等内容。

从图 8-39 缸体零件图标题栏知道,零件名称为缸体,它是液压油缸的主体零件。缸体材料为铸铁,图样比例 1∶1。

8.6.2 分析表达方法和结构形状

先分析主视图,再看其他视图。了解视图的名称、相互间的投影关系,采用的表达方法,搞清楚视图表达方案。

首先运用形体分析法,将主视图分成几部分,在相应的视图上找出该部分的投影,运用投影分析和结构分析方法,明确各部分的结构形状。然后,综合各部分形状,构思出零件的整体结构形状。

图 8-39 缸体零件图

如图 8-39 所示,缸体零件图有三个基本视图。主视图是全剖视图,剖切平面前后对称,剖视图省略标注。主视图按工作位置放置,反映缸体的内部结构形状。A—A 半剖视图为左视图和表示外形的俯视图按投影关系配置。左视图的外形部分用局部剖视表达底板上通孔的结构形状。

分析视图后,分析缸体的结构形状。缸体左端有带凸台的圆筒,圆筒为均布着六个螺孔的法兰。缸体下面有带圆角的长方形底板,底板上有四个带沉孔的安装孔和两个圆锥销孔,底板下面有通槽。缸体上面的两个螺纹通孔是用来注油的。在缸体里面,右端有个 $\phi8$ 的小凸台,小凸台是用来限制活塞的移动位置。通过对缸体各部分结构形状的分析,可以想象出缸体的整体结构形状。

8.6.3　分析尺寸和技术要求

分析零件长、宽、高三个方向的尺寸基准,并从各基准出发,按照形体分析法分析图上标注的尺寸,分析哪些是设计中的主要尺寸,然后,找出定形尺寸和定位尺寸及总体尺寸。

联系零件的结构形状和尺寸,分析图上各项技术要求,了解零件的加工面要求,以便考虑采用相应的加工方法。

如图 8-39 所示,长度方向的主要尺寸基准是左端面,它是缸体和缸盖的结合面,与它有关的定位尺寸有 15,定形尺寸有 30,95 和 80 等。宽度方向以缸体前后对称平面为尺寸基准,与它有关的定位尺寸是 72,定形尺寸是 92,50 和 $R14$ 等。高度方向的尺寸基准为缸体底面,与它有关的定位尺寸是 40。其他技术要求请自行分析。

第9章 装　配　图

表达机器或部件的结构、工作原理、各零件装配关系的图样,称为装配图。装配图分总装配图和部件装配图。表示一台完整机器的图样称为总装配图,表示一个部件的图样称为部件装配图。通常总装配图只表示各部件间的相对位置和机器的整体情况,将整台机器按各部件分别画出部件装配图。

本章主要介绍装配图的作用和内容,表达方法及画法,装配图中的尺寸和技术要求,读装配图的方法及由装配图拆画零件图,零件测绘和部件测绘等内容。

9.1　装配图的作用和内容

9.1.1　装配图的作用

(1) 装配图是生产中重要的技术文件。在产品设计中,一般先画出装配图,表示机器或部件的结构形状、装配关系、工作原理和技术要求等内容。装配图是绘制零件图的依据,如图 9-1 所示为减速器轴测装配分解图。

(2) 在生产过程中,根据装配图组装完整的部件或机器。

(3) 在使用和维修机器过程中,通过装配图了解机器或部件的工作原理,结构性能,从而决定其使用、维修方法。

图 9-1　减速器轴测装配分解图

图 9-2　滑动轴承轴测图

9.1.2　装配图的内容

图 9-2 所示是滑动轴承的装配轴测图,图 9-3 所示是滑动轴承的装配图。根据生产上对装配图的要求,一张完整的装配图应包括以下几方面的内容:

(1) 一组视图:用一组视图(包括剖视、断面图等)完整、清晰、准确和简捷地表达机器或部件的工作原理、各零件的相对位置及装配关系、连接方式和重要零件结构形状等内容。

7	油杯 B25	1	HT200	GB/T 1154
6	轴承座	1	HT200	
5	下轴瓦	1	ZQSn6-6-3	
4	上轴瓦	1	ZQSn6-6-3	
3	轴承盖	1	HT200	
2	螺栓 M12×110	2		GB/T 5782
1	螺母 M12	4		GB/T 6170
序号	名　称	数量	材　料	备　注

滑动轴承			比例	1:1
			图号	
共 张 第 张	数量			
制图 (签名)(日期)		（校名）		
审核 (签名)(日期)				

图 9-3　滑动轴承装配图

（2）必要的尺寸：只标注出表示机器或部件的性能、规格及装配、安装、检验时所必需的尺寸。

（3）技术要求：用文字或符号表示机器或部件的性能、装配、检验、调试等方面的要求。

（4）零件序号、标题栏、明细栏：在装配图中，按顺序对每个零件进行编号。在标题栏中，写明机器或部件的名称、比例及有关人员签名等内容。在明细栏中，依次列出零件序号、名称、数量、材料等内容。

9.2　装配图的表达方法

装配图侧重于表达机器或部件的总体结构、工作原理、零件的装配关系等内容。所以，在画装配图时，除零件图中采用的各种表达方法完全适用外，国家标准对装配图还提出了一些规定画法和特殊表达方法。

9.2.1　装配图的规定画法

（1）接触面和非接触面画法。两相邻零件的接触面和配合面只画一条线，如图 9-3 所示。当两相邻零件基本尺寸不相同时，即使间隙很小，也必须画出两条线。如图 9-3 中螺栓与轴承盖、座孔之间的间隙虽小，也必须画出两条线，表示各自的轮廓。

图 9-4　装配图中剖面线的画法

（2）剖面线画法。在剖视图中，两相邻零件剖面线倾斜方向应相反或方向一致而间隔不等，如图 9-4 所示。

（3）标准件及实心杆件画法。对于标准件以及轴、杆、球等实心零件，当剖切平面通过其轴线或对称中心面时，均按不剖绘制。如果需要表达其中的键槽、销孔、凹坑等，可用局部剖视表示。如图 9-5 中螺栓、螺钉、销、键、轮辐均按不剖绘制。

图 9-5　装配图中螺栓、键、销等的画法

9.2.2　装配图的特殊表达方法

1. 沿零件结合面剖切

在装配图中,为了表达某些内部结构,可以假想沿某两个零件的结合面进行剖切,这时,零件的结合面不画剖面线,但被横向剖切的轴、螺栓和销等要画剖面线,如图 9-6 中的右视图所示。

图 9-6　转子油泵装配图

2. 拆卸画法

在剖视图中,也可以拆去某个零件和与其有关的零件,以表达被上述零件遮挡部分。对拆卸画法要在视图上方加注说明,如拆去××、××等,如图 9-3 滑动轴承俯视图就是采用了拆卸画法。

3. 单独表示某零件的画法

在装配图中,可以单独画出某一零件的视图。但必须在所画视图的上方注出该零件的视图名称,在相应视图的附近用箭头指明投射方向,并注上相同的字母,如图 9-6 中泵盖 B 向视图。

4. 假想画法

为了表示装配中运动零件的极限位置,或需要表达与本部件有装配关系,但又不属于本部件的相邻其他零件时,可用双点画线画出该零件的外形轮廓,如图 9-6 和图 9-7 所示。

5. 夸大画法

在装配图中,对于薄的垫片、簧丝很细的弹簧、微小的间隙等,为了表达清楚起见,可将它们适当夸大画出。如图 9-6 转子油泵主视图中泵体与泵盖间的垫片(涂黑处),右视图中螺钉与泵体、泵盖光孔的非配合间隙,都采用了夸大画法。

6. 简化画法

(1)在装配图中,对于若干相同的零件组,如螺纹连接件等,可仅详细地画出其中的一组或几组,其余的只需在其装配位置画出轴心线即可,如图 9-8 中的螺钉连接。

图 9-7 运动零件的极限位置

图 9-8 装配图中轴承及螺钉等的简化画法

（2）装配图中的滚动轴承经剖切后，它的一半可按滚动轴承的规定画法绘制，而另一半则可按通用画法绘制，如图 9-8 中的滚动轴承画法。

（3）在装配图中，当剖切平面通过的某些部件为标准产品或该部件已由其他图形表示清楚时，可按不剖绘制，如图 9-3 中的油杯。

（4）在装配图中，零件的工艺结构，如小圆角、倒角、退刀槽等可不画出，如图 9-8 所示。

9.3 装配图的视图选择

9.3.1 装配图的视图选择

装配图应着重表达机器或部件的工作原理、装配关系及各零件的主要结构形状等。在进行视图表达时，力求视图数量适当，看图方便和画图简便，选择视图的一般步骤是：

（1）进行部件分析。从实物和有关资料中了解机器或部件的功用、性能和工作原理，仔细分析各零件的结构特点以及装配关系，从而明确所要表达的部件内容。

（2）选择主视图。装配图应以工作位置和清楚反映主要装配关系的方向作为主视图投射方向，并应能清楚地反映出部件的结构和工作原理。

（3）选择其他视图。主视图确定后，还要选择适当的其他视图来补充表达主视图还没有表达清楚的结构。

（4）调整表达方案。初步选定表达方案后，还要进行全面调整，对不合适的地方进行修改，使最后的表达方案能够正确、完整、清楚地表达出部件的装配结构。

9.3.2 装配图的画法

1. 了解和分析装配体

画装配图前，必须对所画的对象有个全面的认识，下面以千斤顶装配体为例说明（图 9-9）。

千斤顶是汽车修理或机器安装等行业常用的一种起重或顶压工具，其顶压高度不太大。在顶举重物时，旋转螺杆顶部孔中的手杆，即把螺杆从螺母中旋出，套在螺杆上面的端帽把重物顶起，螺母镶在底座里，并用紧定螺钉固定。为使端帽不随螺杆旋转，在螺杆顶部有一环形槽，螺钉端部拧进槽内，将端帽和螺杆顶部连接在一起。

2. 确定视图的表达方案

首先要选择主视图。如图 9-10 所示，千斤顶的主视图是按其工作位置放置的。在主视图中，可采用全剖视的形式，这样就把千斤顶的装配关系和工作原理全部反映出来了。

其他视图是配合主视图来表达装配体的装配关系，内、外结构及零件的主要结构形状的。对于千斤顶装配图，为了补充表达千斤顶的外形和各零件的主要结构，增加了一个俯视图，并采用了 A—A 全剖视的形式。为了详细说明螺钉连接形式，又选用了一个局部放大图。

3. 画装配图的步骤

1) 选定比例，确定图幅，合理布图

根据装配体大小、复杂程度和视图数量，确定画图比例及图幅大小。在确定图幅时，不仅要考虑绘制剖视图所需要的图面，还要把标题栏、零件序号、标注尺寸和注写技术要求所占的图面计算在内。先画出图框、标题栏、明细栏的外框，然后布置视图，画出各视图的主要中心线、对称线、作图基准线等，如图 9-10 所示。

2) 完成基本视图的主要部分

画图时，一般先画基本视图，后画非基本视图，同时要几个视图配合起来进行，并注意投影关系。画剖视图时，可沿主要装配干线由内部的实心件画起，再逐个向外画出各零件，这样，可以避免将被遮住的不可见轮廓线画上去。这种画装配图的方法是由内至外，如图 9-11 所示的主视图，可按螺杆—螺母—底座—端帽的顺序画图。也可先从较大的主要零件画起，再依次画出主要装配干线的各零件。这种画装配图的方法是由外至内的，画图的顺序为底座—螺母—螺杆—手杆—端帽，当然也可以两种方法交替使用（图 9-11）。

图 9-10　画千斤顶装配图基准线、
　　　　　标题栏及明细栏

图 9-11　逐步画出千斤顶装配图

图 9-9　千斤顶装配轴测图

3）画基本视图次要部分和其他视图

　　在完成基本视图主要部分的基础上,再画出次要部分。次要部分包括主视图上主要零件的细节部分,如图 9-12 中螺杆上的倒角、圆角等。再画次要零件,如图中的两个螺钉

7	底座	1	HT100	
6	螺杆	1	45	
5	螺母	1	45	
4	螺钉M10×6	1	Q235A	GB/T 73
3	手杆	1	35	
2	螺钉M8×12	1	Q235A	GB/T 75
1	端帽	1	35	
序号	名　称	数量	材　料	备　注

技术要求

装配后进行顶举试验。

千斤顶

图 9-12　千斤顶装配图

等,然后再画出其他视图,如该图中螺钉连接的局部放大图等。

4)完成全图

底图经检查无误后,先擦去多余的图线,再标注尺寸、公差配合代号、剖面线和加深图线,编写零件序号等,最后填写技术要求和明细栏、标题栏的内容。完成的千斤顶装配图如图9-12所示。

9.4 装配图中的尺寸和技术要求

9.4.1 装配图中的尺寸

由于装配图不直接用于零件的制造生产,因此不需要注出每个零件的全部尺寸,而只需注出与部件性能、装配、安装等有关的尺寸。

(1)规格、性能尺寸。它是表示机器或部件的性能、规格和特征的有关尺寸。这类尺寸在设计时就已确定了,是设计、了解、选用机器的依据。如图9-3中滑动轴承的轴瓦内径为$\phi50H8$,即是滑动轴承的性能尺寸。

(2)装配尺寸。装配尺寸主要有:①配合尺寸,即零件之间有配合要求的尺寸,如图9-3中的$\phi60H8/k7$、$60H9/f9$等;②相对位置尺寸,表示装配时需要保证零件之间比较重要的距离、间隙、两齿轮的中心距离等尺寸,如图9-3中的中心高58;③装配时加工尺寸,有些零件需要装配后才能进行加工,如定位销孔需要注上"配作"等字样。

(3)安装尺寸。表示将机器或部件安装在地基上或与其他部件相连接时所需要的尺寸,如图9-3滑动轴承中底座两孔中心距176及孔径$\phi20$。

(4)外形尺寸。表示机器或部件的外形轮廓尺寸,即总长、总宽、总高。它是机器包装、运输、安装和厂房设计所需要的尺寸,如图9-3中的236、70、121,即总体尺寸。

(5)其他重要尺寸。是在设计中经过计算或选定的,但又未包括在上述五类尺寸中的重要尺寸。

必须指出:并不是每一张装配图都具有上述五类尺寸,有时某些尺寸兼有几种意义。

9.4.2 装配图中的技术要求

包括装配要求、试验和检验要求、使用要求等,可写在标题栏的上方或图纸下方的空白处。

9.5 装配图中的零(部)件序号和明细栏

为了便于看图、图样管理,对装配图中各种零、部件都必须进行编号,并在明细栏中列出各零件的名称、数量、材料等内容。

9.5.1 零、部件序号及编排方法

装配图中所有的零、部件都必须编写序号,所编序号应与明细栏中的序号一致。

1. 序号的组成

装配图中的序号由横线(或圆圈)、指引线、圆点和序号数字组成,如图 9-13 所示。指引线应自零件的可见轮廓线内引出,并在末端画一圆点,在指引线的另一端横线上(或圆内)填写零件的序号,其中指引线和横线均用细实线画出。指引线不要画成与剖面线平行,也不要画成水平线或垂直线,以免与轮廓线平行,指引线之间不要相交,但允许弯折一次。序号数字要比装配图中的尺寸数字大一号或大两号如图 9-13 所示。

2. 序号的编写

每种不同的零件编写一个序号,规格相同的零件只编写一个序号。标准化组件,如油杯、滚动轴承、电动机等,可看作一个整体,只编注一个序号,如图 9-14 所示。

图 9-13　零件序号的编排形式

图 9-14　指引线画法

3. 序号的排列

零件的序号应沿水平或垂直方向,按顺时针或逆时针方向排列,并尽量使序号间隙相等,如图 9-3 所示。

4. 零件的序号

对连接件组或装配关系清楚的零件组,允许采用公共引线,如图 9-14(a)所示。如果指引线所指部位不便画圆点时(很薄的零件或涂黑的剖面),可在指引线末端画出箭头,并指向该部位的轮廓线,如图 9-14(b)所示。

9.5.2　明细栏

明细栏是装配图中全部零件的详细目录,如图 9-15 所示。明细栏应画在标题栏的上方,如果上方位置不够也可画在标题栏的左边。明细栏外框线为粗实线,其余线为细实线。在明细栏中,零、部件序号应按自下而上的顺序填写。标准件规格参数等写在零件名称之后,标准件的国标号填写在备注栏内。

图 9-15　装配图中明细栏和标题栏格式

9.6 常用装配结构

在绘制装配图的过程中,应考虑部件装配结构的合理性,以保证部件的装配质量和性能。

两零件接触时,在同一方向上只应有一组接触面,如图9-16所示。这样可保证接触面良好接触,又便于零件加工。

(a)   (b)

图9-16   两零件间的接触面

两个零件间如有两个垂直的表面同时接触,则应在其转角处制出倒角、凹槽或倒圆,如图9-17所示。零件的结构形状要考虑维修拆卸方便,如图9-18所示的滚动轴承安装在箱体轴承孔中及轴上的情况。如图中"不正确"所示的那样,将无法拆卸,如果改成图中"正确"的形式,就很容易地将轴承顶出。

(a)   (b)

图9-17   接触面转角处的结构
(a)正确;(b)不正确

正确   不正确   正确   不正确
(a)   (b)

图9-18   装配结构要便于拆卸

9.7　读装配图和由装配图拆画零件图

在生产、使用、维修、管理和技术交流过程中,都会遇到读装配图的问题,在设计工作中,还需要在读懂装配图的基础上拆画零件图。所以必须掌握读装配图以及从中拆画零件图的基本方法。

9.7.1　读装配图

(1) 从标题栏中了解部件的名称、用途、图样比例;由明细栏中了解零件名称、数量、材料及部件的复杂程度。

如图 9-19 所示的部件是阀。阀装在管路系统中,用以控制管路的"通"与"断"。绘图比例为 1∶1,该阀有七种零件,是比较简单的部件。

(2) 分析各个视图的名称、表达方法,剖切平面的位置,分析主视图的表达意图,弄清各视图间的投影关系,为深入读图作准备。

图 9-19 所示阀的装配图是由三个基本视图和一个 B 向局部视图构成。主视图采用了通过阀前后对称中心面(即主轴线)的全剖视,清楚地表达了装配主干线上所有零件间的装配关系。同时有利于分析阀的工作原理。因为阀的装配主干线在主视图上已表达清楚,俯视图采用了 A—A 全剖视图,以突出表达底座和 A—A 断面的形状及 ϕ12 光孔的位置。左视图表达了阀体 3,管接头 6,旋塞 7 的形状。利用 B 向局部视图,清楚地表达了塞子 2 的六角形状,节省了一个右视图。

(3) 分析工作原理及零件间的装配关系。参考有关资料及装配图中序号、明细栏,找出主要零件,并从主视图入手,联系其他视图和图中尺寸、配合代号等,分析主装配干线的各零件的作用、结构特点以及与零件间的配合关系、连接方式和运动零件的传动情况,弄清部件的工作原理及零件间的装配关系。如图 9-19 所示的阀的装配图,它们的装配关系是:左侧将钢珠 4、压簧 5 依次装入管接头 6 中,然后将旋塞 7 拧入管接头,再将杆 1 放入塞子 2 内,并拧入阀体右侧 M30×1.5 的螺纹孔中。工作原理是:当杆 1 受外力作用向左移动时,钢珠 4 压缩压簧 5,阀门被打开,当去掉外力时钢珠在弹簧力的作用下,将阀门关闭。旋塞可调整压簧推动钢珠力的大小。

9.7.2　由装配图拆画零件图

在设计过程中,需要由装配图拆画零件图,简称拆图。拆图应在全面读懂装配图的基础上进行,拆图过程也是继续设计零件的过程。

1. 拆画零件图的步骤

(1) 看懂装配图。

(2) 将要拆画的零件结构形状分析清楚。

(3) 根据零件的结构形状及在装配图中的工作位置,确定视图表达方案。

(4) 根据选定的视图表达方案画出零件图。

序号	名　称	数量	材　料	备　注
7	旋　塞	1	35	
6	管接头	1	35	
5	压簧1×12×26	1	50	
4	钢　珠	1	45	
3	阀　体	1	HT250	
2	塞　子	1	35	
1	杆	1	35	

共2张 第1张　比例 1:1

图号

（校名）

制图(签名)(日期)
审核(签名)(日期)

图 9-19　阀装配图

2. 应注意的问题

（1）装配图主要表达零件间的装配关系及部件的工作原理，而对一些结构较复杂的零件，形状往往表达不清楚、不完全，如图 9-20(a)所示为管接头在装配图主视图中的可见部分。在拆画这类零件时，要根据其功用和装配关系，将零件的结构构思完整，原则上尽量使其结构简单、可靠。

(a)　　　　　　　　　　　　　　　　　　(b)

图 9-20　从阀装配图中分离出的管接头的投影图

（2）在装配图中，零件的工艺结构，如倒角、圆角、退刀槽等，往往省略不画，在拆画零件图时，要将其补充完整。

（3）零件图的表达方案，不应从原装配图中简单抄画，而应从零件结构形状出发重新考虑。

（4）装配图中，零件的尺寸不完整。拆画零件图时，装配图中已有的尺寸，必须照抄保持一致。其他尺寸可由装配图按比例大小量取，并与相邻零件连接和装配关系一致。对于标准结构，如倒角、圆角、退刀槽、键槽等，应根据有关标准查阅其数值。

（5）标注技术要求，如表面粗糙度、尺寸公差、形状和位置公差等，要根据装配图所示该零件在机器中的功用，与其他零件的相互装配关系，并结合已掌握的工艺知识而定。

如从图 9-19 阀的装配图中，拆画管接头 6。管接头 6 是回转体，在阀的装配图中，恰好反映其回转体的结构特征，且符合工作位置，因而即以它作为管接头的主视图，并采用了全剖视图，以表达内孔中螺纹、凹坑等结构形状。管接头的其他视图也可参考阀装配图的表达方案选取。为表达安装方便而加工的两个平面，采用了左视图。其表达方案如图 9-20(b)所示。

9.8　零件测绘和部件测绘

零件测绘就是依据零件，进行尺寸测量，画出零件草图，再整理成零件图，是仿制、修配机器常做的工作。

1. 零件测绘的一般过程

（1）了解和分析零件：了解零件的名称、材料及在部件中的作用，从而确定表达方案。

（2）画零件草图：根据已定方案，徒手绘制零件草图。

（3）测绘尺寸：根据尺寸标注原则，测绘并标注全部尺寸。

2. 画零件草图及零件图的要求和步骤

零件草图是零件的真实纪录，是绘制零件图的依据，因此要求认真绘制零件草图。

（1）绘制草图的要求：视图正确，表达完整，尺寸齐全。

（2）绘制草图的方法步骤：①选图幅，定比例，画出各视图的基准线（图 9-21(a)）；

②画出零件草图；③根据画出的零件草图整理成零件图。标注尺寸、技术要求，填写标题栏等(图 9-21(b))。

(a)

(b)

图 9-21　画零件草图及零件图的步骤

3. 测量工具及图例

测量尺寸是测绘工作的重要内容,一定要做到:测量基准合理,使用工具适当,测量方法正确,测量结果准确。常用的尺寸测量方法如图 9-22～图 9-24 所示。

图 9-22　直接测量轴、孔直径

图 9-23　间接测量孔直径

图 9-24　测量壁厚

9.8.1　部件测绘步骤

部件测绘就是根据现成的部件,通过拆卸画出装配示意图,通过测量零件绘制零件草图,根据草图绘制装配图和零件图的全过程。部件测绘是一项重要的技术工作,它既能为产品仿制提供图样,又可为新产品设计提供技术资料。

1. 分析测绘对象

对测绘的部件进行分析研究,以求对该部件的性能、工作原理、结构特点、零件之间的装配关系和连接方式等有所了解。现以齿轮油泵为例,简要说明。齿轮油泵是机器润滑系统的供油泵,用以输送润滑油。它由泵体、泵盖、传动齿轮轴、齿轮轴、密封零件及标准件组成,齿轮油泵装配轴测图如图9-25所示。

齿轮油泵的工作原理如图9-26所示。泵体两侧各有一个管螺纹的螺孔,一个是吸油口,一个是压油口。当主动齿轮轴旋转时,在吸油口处两啮合的轮齿逐渐脱开,齿间空腔逐渐增大,形成负压,于是油被吸入齿间;随着齿轮的旋转,油被带到压油口处,该处两齿轮逐渐啮合,齿间空隙由大变小,油压逐渐变大,将油从压油口压入输油管,送往各润滑管路中。

图9-25　齿轮泵装配轴测图

图9-26　齿轮油泵工作原理图

2. 部件测绘步骤

(1)拆卸零件。在画零件草图之前,要将部件拆卸成零件。在拆卸之前,要制定出拆卸方案,并利用一定的方法,按顺序拆卸零件。

(2)画部件装配示意图。部件装配示意图要求用简明的线条,示意的画出各零件之间的装配关系及大致的轮廓如图9-27所示。可先画出泵体、从动齿轮轴、主动齿轮轴,然后画泵盖等其他零件。在装配示意图中,要对每个零件标上序号及名称,明细栏中序号的编排要与装配图中尽量一致。

(3)画零件草图。将部件拆卸成零件之后,要画出各零件草图。

(4)画部件装配图。画出全部零件草图之后(标准件除外),可根据装配示意图(图9-27),画出部件装配图。图9-28是齿轮油泵的装配图。其中,主视图是按工作位置选择的,并采用了全剖视。在主视图中,可以清楚地表达主动齿轮轴、从动齿轮轴与泵体的装配关系及填料、压盖、压盖螺母与主动齿轮轴外伸端的装配关系;还表达了泵盖与泵体用螺钉连接的情况;同时各零件的结构形状也表达的比较清楚。从标注的尺寸中可以知道两轴的中心距离及各配合零件之间的配合关系。左视图采用了局部剖视,从中可以清楚看出泵盖、泵体的形状及泵盖上六个螺钉的分布情况;还可清楚地表达两齿轮啮合情况及吸、压油口和地脚孔的形状、大小和位置。在画装配图中,还可以发现零件草图中的问题,要及时进行修改。

(5)画零件图。最后,根据装配图及零件草图,用绘图工具或计算机画出全部零件图,如图9-29所示泵体零件图。也可将零件图(计算机绘制)做成图块插入画装配图,但要注意消隐正确。

3		泵 盖	1	HT200	
2		主动齿轮轴	1	45	
1		泵 体	1	HT200	
序号		名 称	数量	材 料	备 注

9	压盖螺母	1	45	
8	压 盖	1	45	
7	填 料		石棉绳	
6	螺钉M6×16	6	Q235	GB/T 65
5	垫 片	1	红纸板	
4	从动齿轮轴	1	45	

齿 轮 油 泵		共张	第张	比例	1:1
		数量		图号	
制图	(签名)	(日期)		(校 名)	
审核	(签名)	(日期)			

图 9-27 齿轮油泵装配示意图

技术要求

1. 齿轮啮合齿面应占全长的 2/3 以上。
2. 在 49035Pa油压下实验，不得渗油。

9	压盖螺母	1	45		
8	压盖	1	45		
7	填料		石棉绳		
6	螺钉 M6×16	6	Q235	GB/T 65	
5	垫片	1	红纸板		
4	从动齿轮轴	1	45		
3	泵盖	1	HT200		
2	主动齿轮轴	1	45		
1	泵体	1	HT200		
序号	名 称	数量	材 料	备 注	

		共 张	第 张	比例	1:1
齿 轮 油 泵		数 量		图号	
制图（签名）（日期）		（校 名）			
审核（签名）（日期）					

图 9-28　齿轮油泵装配图

技术要求

1. 铸件应时效处理。
2. 铸件不加工表面不得有铸造缺陷。
3. 未注圆角R2～R4。
4. 未注倒角2X45°。

$\sqrt{X} = \sqrt{Ra\ 6.3}$ $\sqrt{Y} = \sqrt{Ra\ 0.8}$ $\sqrt{\ }(\sqrt{\ })$

泵 体		材料	HT150	比例	1:1
		数量	1	图号	
制图				(校名)	
审核					

图 9-29 泵体零件图

第 10 章　计算机绘图

计算机绘图（computer graphics，CG）是应用计算机及图形输入、输出设备，实现图形显示、辅助绘图及设计的方法，它建立在图学、应用数学及计算机科学三者有机结合的基础上。

计算机绘图具有绘图速度快、精度高；便于产品信息的保存和修改；设计过程直观，便于人机对话；缩短设计周期、减轻劳动强度等优点。计算机绘图在航空、机械、建筑、船舶、服装等行业得到了普及和应用。

计算机绘图软件较多，AutoCAD 是最具代表性的一个。它提供了丰富的作图功能，操作方便，绘图准确，能够绘制二维与三维图形。它具有强大的图形编辑功能，如缩放、复制、镜像、旋转等，这是手工绘图无法实现的。它还有许多辅助绘图功能，使绘图工作变得简单方便。本章主要介绍 AutoCAD 2007 的二维基本操作。

10.1　AutoCAD 2007 的基本知识

10.1.1　用户界面

启动 AutoCAD 2007，即进入用户界面，AutoCAD 2007 的用户界面与 Windows 标准应用程序相似（图 10-1）。主要包括：标题栏、菜单栏、工具栏、命令区、状态栏、作图区等。

图 10-1　AutoCAD 2007 用户界面

1. 标题栏

标题栏内列出当前使用的软件名称和正在编辑操作的图形文件名称。右边有窗口最小化、还原(最大化)按钮。

2. 菜单栏

菜单栏中包含 11 个菜单项：文件、编辑、视图、插入、格式、工具、绘图、标注、修改、窗口和帮助。用鼠标点取菜单选项，会显示出相应的下拉菜单(图 10-1)。

3. 工具栏

AutoCAD 提供了 34 个工具栏，经常使用的工具栏一般放在菜单栏的下面和绘图区的左右。经常使用的工具栏有：标注、特性、绘图、修改、标准等工具栏(图 10-1)。

打开工具栏的方法：鼠标右击已经打开的工具栏，即弹出工具栏浮动菜单(图 10-2)，从中确定所需的工具栏即可。

4. 命令区

命令区是输入命令和显示命令的区域，如图 10-1 所示。

5. 状态栏

状态栏左侧动态显示光标在作图区中当前的坐标位置，右侧有捕捉、栅格、正交、极轴、对象捕捉、对象追踪、DUCS、DYN、线宽、模型共 10 个按钮，如图 10-1 所示。

图 10-2　工具栏浮动菜单

10.1.2　AutoCAD 2007 命令及数据的输入方法

1. 命令的输入

(1) 在命令行中输入 AutoCAD 命令的全名或别名。如绘制直线可输入命令全名 Line 或别名 L，并按回车键或鼠标右键；

(2) 用鼠标左键单击工具栏的相应图标；

(3) 用鼠标左键点取下拉菜单中的菜单项；

(4) 在输入 AutoCAD 命令提示时，回车或右击可重复上一条命令。

2. 数据的输入方法

执行 AutoCAD 命令时，都需要输入必需的数据，常用的数据有点坐标(例如线段的端点、圆心)、数值(例如直径、半径、长度等)。数据的输入可用绝对坐标值，也可用相对坐标值。

1) 绝对坐标，分两种。①直角坐标方式：直接输入点的 x,y 坐标值，各坐标用逗号分开；②极坐标方式：以当前坐标系原点到新点的距离及这两点连线与 X 轴正方向的夹角来确定新点的位置。格式：距离＜角度。例如要输入一个距离为50，与X轴正方向夹角为60°的点，只要在输入坐标点的提示下输入50＜60即可。

2）相对坐标：是指相对于前一点的坐标。相对坐标也分为直角坐标方式和极坐标方式，输入格式与绝对坐标方式相同。只是在坐标值前加上相对坐标的符号@。

例如要输入一个距离当前点x坐标值为50、y坐标值为30的点，输入以下字符：@50，30。要输入一个距离为50，与X轴正方向夹角为60°的点，输入以下字符：@50＜60。

3）捕捉对象的特征点：用捕捉对象功能，可以方便、精确地捕捉到所选对象的几何特征点，如端点，中点，圆心等等。

4）用鼠标在屏幕上拾取点：移动鼠标，当光标移动到所需位置时，单击鼠标左键即可拾取点。

10.2　AutoCAD 2007 的基本操作

10.2.1　AutoCAD 2007 基本操作

1. 建立新文件

命令行：New

下拉菜单：文件→新建…

工具栏：

弹出"选择样板"对话框（图 10-3），从中选择合适的样板文件，即建立了一个新文件。

图 10-3　"选择样板"对话框

2. 打开和预视已经存在的文件

命令行：Open

下拉菜单：文件→打开…

工具栏：

弹出"选择文件"对话框（图 10-4）。

图 10-4　"选择文件"对话框

3. 存储文件（Save）

命令行：Qsave

下拉菜单：文件→保存→另存为…

工具栏：💾

4. 单位设置

命令行：Ddunits

下拉菜单：格式→单位

弹出"图形单位"对话框（图 10-5），里面有 5 种常用的单位。我们常选"长度"（十进制长度单位）和"角度"（十进制角度单位）。其精度按需选取。

5. 图限设置

命令行：Limits

下拉菜单：格式→图形界限

系统提示：

图 10-5　"图形单位"对话框

Lower Left Corner：设置图形边界左下角（默认为 0.0000,0.0000）。

Upper Right Corner：设置图形边界右上角（默认为 420.0000,297.0000）。

设置完图纸大小以后，应该使用一次"Zoom All"命令进行全图放大，以查看图限设置的效果。

6. 栅格（Grid）、捕捉（Snap）、正交（Ortho）功能的设置

1）用功能键设置

用 Grid(F7)命令可以设置一张栅格纸，用 F9 命令可以设置鼠标准确地捕捉栅格点，从而快速、准确地绘图。用 F8 命令可设置用正交方式画图。

2）用对话框设置

下拉菜单：工具→草图设置

可弹出"草图设置"对话框(图10-6)，可设置栅格捕捉、栅格显示、正交方式等。

图 10-6　"草图设置"对话框

10.2.2　层的概念及设置

1. 层的概念

图形分层的例子是常见的，如地图和彩色照片都是分层做成的。AutoCAD 的层可以想象为一张没有厚度的透明纸。图形中所有这样的层放在一起，组成一个 AutoCAD 完整的图形。用户可以建立多个图层，但只能在一个图层上画图，这就是当前层。

2. 层的设置

在每一层上可以设置一种线型、一种颜色。单击图层图标，可弹出图10-7对话框。在"图层特性管理器"对话框中，单击"新建"可以设置一个新图层；点取某一层的线型名，可弹出"选择线型"对话框(图10-8)，可选择线型；如果你选取的线型不存在，可点取"加载"按钮来装载线型，则弹出"加载或重载线型"对话框，可装载所需线型(图10-9)。

图 10-7　"图层特性管理器"对话框

图 10-8　"选择线型"对话框　　　　　　　图 10-9　"加载或重载线型"对话框

在"图层特性管理器"对话框中,可对图层的状态进行设置,图层状态主要包括:打开与关闭、冻结与解冻、锁定和解锁、打印和不打印等。AutoCAD 用不同形式的图标表示这些状态,如图 10-7 所示。

下面对图层状态作详细说明:

(1) 打开/关闭:单击图标,即可关闭或打开某一图层。打开的图层是可见的,而关闭的图层则不可见,也不能被打印。当图形重新生成时,被关闭的图层将一起被生成。

(2) 冻结/解冻:单击图标,可冻结或解冻某一图层。解冻的图层是可见的,若冻结某个图层,则该层变为不可见,也不能被打印出来。当重新生成图形时,系统不再重新生成该层上的对象,因而冻结一些图层后,可以加快 Zoom、Pan 等命令和许多其他操作的运行速度。

提示:解冻一个图层将引起整个图形重新生成,而打开一个图层则不会导致这种现象(只是重画这个图层上的对象)。因此如果需要频繁地改变图层的可见性,应关闭该图层而不应冻结。

(3) 解锁/锁定:单击图标,将锁定或解锁图层。被锁定的图层是可见的,但图层上的对象不能被编辑。用户可以将锁定的图层设置为当前层,并能向它添加图形对象。

(4) 打印/不打印:单击图标,就可设定图层是否打印。指定某层不打印后,该图层上的对象仍会显示出来。图层的不打印设置只对图样中的可见图层(图层是打开的并且是解冻的)有效。若图层设为可打印但该层是冻结的或关闭的,此时 AutoCAD 不会打印该层。

除了可利用"图层特性管理器"对话框控制图层状态外,用户还可通过单击"图层"工具栏上的"图层控制"下拉列表控制图层状态。

3. 线型比例因子

画图的图幅是变化的,要想在图纸上(屏幕上)显示出合适的点画线、虚线等线型,就必须选择合适的线型比例。故线型比例也要随图纸的大小变化。常用"全局比例因子"调整线型比例因子。

Command:Ltscale

New Scale Factor 1.0000:线型比例因子(线型比例因子的大小要经过调试而定)。

10.3　AutoCAD 2007 的绘图命令

AutoCAD 2007 提供了丰富的绘图功能,它定义了多种基本图形对象的操作。常用的绘图命令见绘图工具栏(图 10-10)及绘图下拉菜单(图 10-11)。

图 10-10　"绘图"工具栏

10.3.1　点的输入及绘制直线图形

1. 点的类型

在 AutoCAD 2007 中,点对象有单点、多点、定数等分和定距等分四种。

(1) 选择"绘图"→"点"→"单点"命令,可以在绘图窗口中一次指定一个点。

(2) 选择"绘图"→"点"→"多点"命令,可以在绘图窗口中一次指定多个点,最后可按 ESC 键结束。

(3) 选择"绘图"→"点"→"定数等分"命令,可以在指定的对象上绘制等分点或者在等分点处插入块。

(4) 选择"绘图"→"点"→"定距等分"命令,可以在指定的对象上按指定的长度绘制点或者插入块。

2. 点的输入方式

(1) 用键盘直接在命令行中输入点的坐标。

点的坐标可以用直角坐标、极坐标表示。直角坐标有两种输入方式 x,y 或@x,y。极坐标的输入方式是 r<angle 或@r<angle。r 表示输入点相对原点的距离,angle 表示输入点与原点的连线夹角,如 30<60。

图 10-11　"绘图"下拉菜单的常用命令

(2) 用鼠标的箭头指向点的位置,按下【Enter】在屏幕上取点。

(3) 用目标捕捉方式捕捉图形上的点。

3. 绘制直线图形

命令行:Line

下拉菜单:绘图→直线

工具栏:／

输入命令后,系统提示:

From Point（输入第一点）

To Point（输入下一点）

To Point（……）

……（……）

To Point【Enter】

说明：终止此命令有两种方式，上面示出的是正常终止，其结果是绘制出从第一点到最后一点的折线。除此之外，还可输入"C"，此结果是形成一个封闭图形。

10.3.2　绘制圆、圆弧、椭圆

1. 绘制圆

命令行：Circle

下拉菜单：绘图→圆

工具栏：⊘

系统提示：

3P/2P/TTR/〈CEnter Point：〉（三点式/两点式/与两元素相切已知半径/〈输入圆心〉）

CEnter Point 为默认项，即为用圆心及半径或直径定义圆。输入一点为圆心，然后输入半径或直径。

2P 选项，即为用两点定义圆。

3P 选项，用给定三点作为圆周上点定义圆。

TTR 选项，此时定义圆的方式是与两已知几何元素（圆或直线）相切，半径已知（图 10-12）。

2. 绘圆弧

命令行：Arc

下拉菜单：绘图→圆弧

工具栏：⌒

系统提供了多种画圆弧的方法，举例说明其中一种：Start，Center，End（起点，中心，终点）。

图 10-12　TTR 选项绘制圆

图 10-13　用起点，中心，终点方法画圆弧

【例 10-1】　用起点，中心，终点方法画圆弧（图 10-13）。

Command：Arc

Center/〈Start Point〉：单击图 10-13 上的 A 点

Center/End/〈Second Point〉：C：单击图 10-13 上的 O 点；

Angle/Length of Chord/〈End Point〉：单击图 10-13 上的 B 点。

3. 绘椭圆

命令行：Ellipse

下拉菜单：绘图→椭圆

工具栏：⬭

10.3.3　画矩形及正多边形

1. 画矩形

命令行：Rectang

下拉菜单：绘图→矩形

工具栏：▢

【例 10-2】 绘制如图 10-14 所示的圆角矩形。

Command：Rectang【Enter】

Chamfer/Elevation/Fillet/Thickness/Width/〈First Corner〉：F【Enter】(选择圆角方式)

Fillet Radius for Rectangles〈10.000〉：15【Enter】(输入圆角半径)

Chamfer/Elevation/Fillet/Thickness/Width/〈First Corner〉：(输入四边形的第一角点)

Second Corner：(输入四边形的第二角点)

图 10-14　圆角矩形

图 10-15　圆内切正六边形

2. 画正多边形

命令行：Polygon

下拉菜单：绘图→正多边形

工具栏：⬠

【例 10-3】 画圆内切正六边形(图 10-15)。

Command：Polygon

Number of Sides〈4〉：6(输入边数)

Edge/〈CEnter of Polygon〉：(选择正多形中心)

Inscribed in Circle/Circumscribed about Circle (I/C)〈I〉：【Enter】(内切式/外接式)

Radius of Circle：(选择内切或外接圆的半径)

10.3.4　画多段线及样条曲线

1. 画多段线(图 10-16)

命令行：Polyline

下拉菜单：绘图→多段线

工具栏： ↵

二维多段线是由直线和圆弧相连组成的序列，它不同于直线、圆弧命令绘出的直线和圆弧，系统将用多段线绘出的直线和圆弧作为单一对象处理，并能生成不同宽度的直线和圆弧序列。

命令提示 Arc/Close/Halfwidth/Length/Undo/Width/〈Endpoint of Line〉：（绘圆弧/封闭多段线/设线半宽/定义线段长/取消上次输入/定义线宽/〈输入线端点〉）

各选项操作如下：

〈Endpoint of Line〉，则操作与画直线相同。

Width，则提示：

Starting Width〈0.0000〉：
Ending Width〈0.0000〉：

如选 A

Angle/Center/Close/Direction/Halfwidth/Line/Radius/Second point/Undo/Width/〈Endpoint of Arc〉：（给出圆弧角度/圆心/封闭多段线/重新定义开始弧段切线方向/设线半宽/改画直线/圆弧半径/输入第二点/…/〈弧段终点〉）

图 10-16　画多段线　　　　　　　　图 10-17　用样条曲线命令绘制波浪线

2. 画样条曲线

机械图中有时要画波浪线，AutoCAD 2007 提供了绘制样条曲线的命令，可以用来完成这个工作（图 10-17）。

命令行：Spline

下拉菜单：绘图→样条曲线

工具栏： ∿

10.3.5　图案填充

我们知道画剖视图时，要在剖切平面剖到处画上剖面线。不同的材料画不同的剖面线，这在 AutoCAD 2007 中称为图案填充。

命令行：Bhatch

下拉菜单：绘图→图案填充

工具栏：

显示图案填充对话框(图 10-18)，我们仅简要介绍。

图 10-18　"图案填充和渐变色"对话框

1. 类型和图案栏

选择图案填充样式。栏中有样式类型按钮和图案预览框，类型列表框中有三种定义方式：预定义、用户定义、自定义。画机械图样时常选用金属图案 ANSI31，非金属材料图案为 ANSI37(图 10-19)。

2. 角度和比例栏

在类型栏中选定方式和图案后，需在此栏中对图案进行具体角度及比例的定义。

3. 边界图案填充

每次操作均需选择填充边界，常选用添加拾取点按钮进行图案填充。用图案填充方式绘制剖视图图例如图 10-20 所示。

(a)

(b)

图 10-19　常用的 ANSI31 和 ANSI37 图案

(a) ANSI31 图案；(b) ANSI37 图案

图 10-20　图案填充图例

10.4　AutoCAD 2007 的图形编辑命令

前面讲述了 AutoCAD 2007 的绘图命令,但只掌握绘图命令是不够的。例如工程图样里经常会出现一些重复、均匀分布对称的结构,或某些产品仅作局部修改就可形成新产品等。在这种情况下,只是用绘图命令,重复操作多,效率低,则没有体现出计算机的优越性。AutoCAD 2007 提供了丰富的图形编辑命令(图 10-21、图 10-22)。

图 10-21　修改工具栏

10.4.1　对象选择方式

任何图形编辑都需要指定其操作对象,操作对象的集合称为选择集。当系统提示 Select Object 即开始构造选择集,光标变成方形状态,选择到的实体(直线、圆、文字等)变成虚线,以示区别。

(1) 直接选取法:将光标移到某一实体上单击,即选取了一个实体。

(2) 窗口形式(Windows):输入 W 后,系统提示:

First Corner:(输入第一点)

Second Corner:(输入第二点)矩形窗口所包含的实体被拾取

(3) 交叉窗口(Crossing):输入 C,则交叉窗口被选中。

W 窗口与 C 窗口的区别为,前者为矩形窗口完全包含的实体被拾取,如图 10-23(a)所示;后者为矩形窗口完全包含及与边界相交的实体被拾取,如图 10-23(b)所示。

(4) Undo:输入 U,可以使选择集中的实体按逆序被清除。

图 10-22　修改下拉菜单

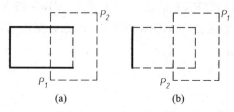

(a)　　　　　　　(b)

图 10-23　窗口方式的两种形式

10.4.2 图形删除、复制类对象

1. 删除对象

命令行：Erase

下拉菜单：修改→删除

工具栏：

2. 复制对象

命令行：Copy

下拉菜单：修改→复制

工具栏：

如图 10-24 所示，图（a）为图形复制前，图（b）为图形复制后。确定选择集后需进行如下操作：

〈Base Point or Displacement〉：（确定要复制图形的基点 P_1）

Second Point or Displacement：（确定基点所对应的目标点 P_2）

图 10-24 复制命令示例

3. 镜像复制对象

命令行：Mirror

下拉菜单：修改→镜像

工具栏：

将选择集中的对象关于某直线镜像复制，如图 10-25 所示。

First Point of Mirror Line：（输入对称线上第一点）

Second Point：（输入对称线上另一点）

Delete old Objects?〈N〉（是否删除所选对象）

图 10-25 镜像命令示例

如果是对文本进行镜像，就要控制镜像的方向。如对图 10-26（a）中的图形进行镜像。首先要设置系统变量 MIRRTEXT 的值。如果设置 MIRRTEXT＝1，则是图形完全镜像，如图 10-26（b）所示。如果设置 MIRRTEXT＝0，则是图形不完全镜像，文字对象方向不镜像，如图 10-26（c）所示。

4. 阵列对象

命令行：Array

下拉菜单：修改→阵列

图 10-26　文本镜像命令示例

工具栏：

所谓阵列就是将选择集内的图形按一定的规律均匀排列出来。阵列对话框如图 10-27 所示，阵列有环形阵列（图 10-28(a)）和矩形阵列（图 10-28(b)）两种形式。

图 10-27　"阵列"对话框

图 10-28　阵列命令示例

（1）环形阵列：在对话框中输入阵列中心、图形的排列个数、图形均匀分布所覆盖的角度、确定图形是否旋转等信息即可。图 10-28(a)为环形阵列图例。

（2）矩形阵列：在对话框中输入阵列的行数、阵列的列数、阵列的行间距、阵列的列间距等信息即可。图 10-28(b)为矩形阵列图例。

5. 偏移

命令行：Offset

下拉菜单：修改→偏移

工具栏：

此命令是将一图形在其一侧作等距复制(图 10-29)。图(a)为等距复制前,图(b)为
等距复制后。

图 10-29　偏移命令示例　　　　　　　图 10-30　旋转命令示例

10.4.3　图形变换对象

1. 移动命令

命令行：Move

下拉菜单：修改→移动

工具栏：

将选择集内的对象移动到图面上的指定位置。

2. 旋转对象

命令行：Rotate

下拉菜单：修改→旋转

工具栏：

将选择集内的对象相对一点旋转指定角度(角度定义为逆时针为正,顺时针为负)。

Base point：(指定旋转中心)

〈Rotation angle〉/ Reference：

Rotation angle,(指定旋转角度)

图 10-30(b)所示是将图 10-30(a)逆时针旋转 30°的结果。

10.4.4　图形修改对象

1. 剪切对象

命令行：Trim

下拉菜单：修改→剪切

工具栏：

将一些对象用选定的边剪切。

Select objects：(选择剪切边)

〈Select objects to trim〉/Project/Edge/Undo：(确定被剪切边或设定剪切的条件)

如图 10-31 所示为用 Line 命令画的五角星,如图 10-31(a)所示,若只选连接五角星
最上面顶点的两条线作为剪切边,点取 *1* 边、*3* 边为被剪边,结果为图 10-31(b)所示。若

将五角星的五条边都选取为剪切边,点取 $1,2,3,4,5$ 边为被剪切边(图 10-31(c)),则结果为图 10-31(d)所示的图形。

图 10-31　剪切命令示例

2. 延伸对象

命令行：Extend

下拉菜单：修改→延伸

工具栏：

将直线段延伸到选定的界限。

Select objects：(定义延伸界限)

〈Select objects to extend〉/Crossing/Project/Edge/Undo：(确定被延伸边或设定延伸条件)(图 10-32)。

图 10-32　延伸命令示例　　　　　　图 10-33　倒角命令中的剪切选项

3. 倒角

命令行：Chamfer

下拉菜单：修改→倒角

工具栏：

系统提示：

(Trim Mode)Current Chamfer Dist 1＝1.0000,Dist 2＝2.0000(提示当前的倒角距离)Select First Line/Polyline/Distance/Angle/Trim/Multiply/：

Distance：用来定义倒角在相邻两个边上的倒角距离。

Angle：是以一个边上的倒角距离和边与倒角线间的夹角定义倒角。

Trim：可以定义倒角方式。如为 Trim,则在倒角线绘出的同时原边随之剪切(图 10-33(a))；No Trim 不作剪切(图 10-33(b))。

注意,此命令一次只能完成一个选项的工作,要先给出倒角的尺寸,再进行倒角。如倒角距离为 0 或超出与欲作倒角的线段长度,系统不对其进行倒角操作。

4. 倒圆角(图 10-14)

命令行：Fillet

下拉菜单：修改→倒圆角

工具栏：

10.5　AutoCAD 2007 的辅助绘图命令

利用绘图命令和图形编辑命令可以画出基本图形,但是在画图时,我们还要准确定位某些点,如端点、圆心、交点等。AutoCAD 2007 提供了多种辅助绘图命令,可以帮助用户迅速、准确、方便地绘出所需图形。

10.5.1　使用目标捕捉定位点

1. 捕捉工具栏

捕捉工具栏如图 10-34 所示,按需点取相应图标即可。

图 10-34　对象捕捉工具栏

【例 10-4】　画一条过圆心且与一已知直线垂直相交的直线,然后折回与该圆相切(图 10-35)。

Command：Line

From point：CEN【Enter】(捕捉圆心)

Of (在圆上取一点 A)

To point：PER【Enter】(捕捉直线上垂足)

To (点取直线上一点 B)

TO point：TAN【Enter】(捕捉切点)

To (点圆上一点 C)

To point：【Enter】

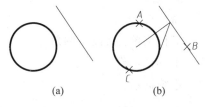

(a)　　　　(b)

图 10-35　用目标捕捉方式捕捉点

2. "草图设置"对话框

命令行：Osnap

下拉菜单：工具→草图设置

工具栏：对象捕捉

弹出对话框,可以将常用的捕捉方式选定(图 10-36)。

图 10-36 "草图设置"对话框

图 10-37 缩放工具栏

图 10-38 修改直线对话框

10.5.2 图形显示控制

1. 图形的缩放

在画图过程中可以随时将图形缩放,而实际尺寸不变。

命令行:Zoom

下拉菜单:视图→缩放

工具栏:见图 10-37。

2. 图纸移动

命令行:Pan

下拉菜单:视图→平移

工具栏:

图纸移动命令可以移动全图以便看清图形的其他部分。

3. 其他图形编辑命令

命令行:Properties

下拉菜单:修改→特性

工具栏:

此命令可对图形对象进行形状及特性修改,有命令行和对话框驱动两种方式。我们仅介绍对话框方式,以修改直线对话框为例(图 10-38)。对话框有两部分:一部分是实现特性(即可将层、线型、颜色等特性)改变的;另一部分是实现几何变化的。

10.6　AutoCAD 2007 的尺寸及文本标注与编辑功能

10.6.1　利用对话框设置尺寸样式

AutoCAD 2007 提供了较强的尺寸标注功能,可以方便地标注尺寸。可以设置尺寸标注工具栏,如图 10-39 所示。

图 10-39　尺寸标注工具栏

AutoCAD 2007 具有六种类型尺寸的标注功能,包括线性尺寸标注,半径尺寸标注,直径尺寸标注,角度尺寸标注,坐标尺寸标注和引出线标注(图 10-40)。尺寸标注样式由尺寸变量控制,可以通过修改尺寸变量改变尺寸标注的样式,请参阅相关手册。

命令行:DDim

下拉菜单:标注→样式

工具栏:◢

图 10-40　尺寸类型

弹出"标注样式管理器"对话框(图 10-41)。以"新建"按钮为例,重点说明常用的设置方法。

图 10-41　"标注样式管理器"对话框

单击新建按钮，新建一种标注样式，弹出"创建新标注样式"对话框，如图 10-42 所示。

单击继续按钮，显示"新建标注样式"对话框（如图 10-43～图 10-47 所示），对选中的标注样式进行修改。

图 10-42　"创建新标注样式"对话框

图 10-43　"新建标注样式"对话框"直线"选项卡

图 10-44　"新建标注样式"对话框"符号和箭头"选项卡

图 10-45　"新建标注样式"对话框"文字"选项卡

图 10-46　"新建标注样式"对话框"主单位"选项卡

10.6.2　尺寸标注的编辑

如果已标注的尺寸不符合要求,可以修改,可以改变尺寸文本的内容、位置及尺寸界线的方向等。

1. 尺寸标注的编辑

命令行：Dimedit

图 10-47　"新建标注样式"对话框"公差"选项卡

工具栏：

系统提示：

输入标注编辑类型【默认/(H)新建(N)/旋转/(R)倾斜/(O)】〈默认〉用于更改尺寸文本的内容、放置角度；旋转尺寸界线等。

2. 更新尺寸标注

命令行：Dimstyle

下拉菜单：标注→更新

工具栏：

用当前设置的尺寸标注样式更新指定的尺寸标注。系统提示：[保存(S)/恢复(R)/状态(ST)/变量(V)/应用(A)/?]〈恢复〉：_apply

Select Objects：(选择要修改的尺寸对象)

操作结束后，选取尺寸对象更新成当前的样式。

10.6.3　文本标注

一张完整的图样，不但有图形、尺寸，而且还要标注一些文本，如标题栏、技术要求、设计说明等。AutoCAD 2007 提供了较强的文本标注及文本编辑功能。

1. 建立文本样式

命令行：Style

下拉菜单：格式→文本样式

弹出文本样式对话框(图 10-48)，在这里可以设置字体、字高等。应该指出的是，如果标注汉字的话，一定要建立一个新样式(AutoCAD 2007 里的默认样式为 Standard，不

图 10-48 "文字样式"对话框

应修改)。点取对话框中的"新建",弹出"新建文字样式"对话框,可以命名文字样式的名
称,也可以采用默认的样式名(图 10-49)。

2. 文本标注

用"多行文本"、"单行文本"命令都可以在图中指
定的位置,按指定的文本样式注写文字、符号。"多行
文本"命令可同时标注多行文本,且为一个实体;"单
行文本"命令也可以标注多行文本,但每一行均为一个实体。

图 10-49 "新建文字样式"对话框

1) 单行文本标注

命令行:Text

下拉菜单:绘图→文字→单行文字

此命令可按指定位置标注一行、多行、多处文本。

2) 多行文本标注

(1) 多行文本标注。

命令行:Mtext

下拉菜单:绘图→文字→多行文字

工具栏: **A**

系统提示,给出文本行宽度。当文本行确定之后,弹出"多行文本编辑器"对话框,按
指定位置在编辑器内建立多行文本,如技术要求、设计说明等(图 10-50)。

图 10-50 "多行文本编辑器"对话框

（2）堆栈文字选项的应用。

利用"多行文本编辑器"中的堆栈文字选项，可以将分数以上下重叠形式显示，而不是左右并排的格式。

应用一：例如输入文字"2/3"，然后选中此文字，单击堆栈文字按钮，文字显示 $\frac{2}{3}$。

应用二：例如输入文字"％％c25＋0.002^－0.001"，然后选中"＋0.002^－0.001"文字，单击堆栈文字按钮，则文字显示为如图 10-51 所示形式。其中"^"是堆栈文字上下标的代号，"^"前面的数值是上标，"^"后面的数值是下标。其中"％％C"代表直径符号。其他符号输入方法见表 10-1 所示。

图 10-51　堆栈文字按钮的功能

表 10-1　AutoCAD 中主要的字符控制码

符　号	功　　能	示　　例
％％O	打开和关闭文字上画线	％％OAUTOCAD，结果 $\overline{AUTOCAD}$
％％U	打开和关闭文字下画线	％％UAUTO％％UCAD，结果 $\underline{AUTO}CAD$
％％D	标注"度"符号（°）	45％％D，结果 45°
％％P	标注"正负公差"符号（±）	56％％P0.002，结果 56±0.002
％％C	标注"直径"符号（φ）	％％C55，结果 φ55

3. 创建图纸说明明细表

创建如表 10-2 所示的表格。

表 10-2　直齿圆柱齿轮参数表　　　　　　　　　　　　　　　　mm

	模数	齿宽	轴孔直径	键槽宽
大齿轮	4	24	24	6
小齿轮	4	24	20	6

（1）选择"绘图"→"表格"命令，或在"绘图"工具栏中单击"表格"按钮 ，则打开了"插入表格"对话框。

（2）在"表格样式设置"选项组中单击"表格样式名称"下拉列表后面的 按钮，打开"表格样式"对话框，并在"样式"列表中选择样式 Standard。

（3）单击"修改"按钮，打开"修改表格样式"对话框，在"数据"选项卡的"单元特性"选项组中，设置文字高度为 10，对齐方式为正中；在"列标题"选项卡的"单元特性"选项组中，设置文字高度为 10；在"标题"选项卡的"单元特性"选项组中，单击"文字样式"下拉列

表后面的 ▦ 按钮,打开"文字样式"对话框,创建一个新的文字样式,并设置字体名称为黑体,然后单击"关闭"按钮返回"修改表格样式"对话框,在"文字样式"下拉列表中选中新创建的文字样式,并设置文字高度为 20。

(4) 依次单击"确定"按钮和"关闭"按钮,关闭"修改表格样式"和"表格样式"对话框,返回"插入表格"对话框。

(5) 在"插入方式"选项组中选择"指定插入点"单选按钮;在"列和行设置"选项组中分别设置"列"和"数据行"文本框中的数值 5 和 2。

(6) 单击"确定"按钮,移动鼠标在绘图窗口中单击将绘制出一个表格,此时表格的最上面一行处于文字编辑状态,如图 10-52 所示。

图 10-52   处于编辑状态的表格

(7) 在表单元中输入文字"直齿圆柱齿轮参数表(mm)",其效果如表 10-2 所示。

4. 设置尺寸公差格式

在"新建标注样式"对话框中,可以使用"公差"选项卡设置是否标注公差,以及以何种方式进行标注,如图 10-53 所示。

图 10-53   公差选项卡

在"公差格式"选项组中,可以设置公差的标注方式,部分选项的功能说明如下。

(1) "方式"下拉列表框:确定以何种方式标注公差,如图 10-54 所示。

(2) "上偏差"、"下偏差"文本框:设置尺寸的上偏差、下偏差。

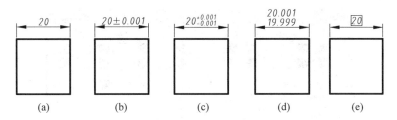

图 10-54　尺寸公差标注方式

(a) 无公差；(b) 对称公差；(c) 极限偏差；(d) 极限尺寸；(e) 基本尺寸

（3）"高度比例"文本框：确定公差高度的比例因子。确定后，AutoCAD 将该比例因子与尺寸文字高度之积作为公差的高度。

（4）"垂直位置"下拉列表框：控制公差文字相对于尺寸文字的位置，包括"上"、"中"和"下"三种方式。

（5）"换算单位公差"选项组：当标注换算单位时，可以设置换算单位精度和是否清零。

5. 形位公差标注

形位公差在机械图样中极为重要。一方面，如果形位公差不能完全控制，装配件就不能正确装配；另一方面，过度吻合的形位公差又会由于额外的制造费用而造成浪费。但在大多数的建筑图样中，形位公差几乎不存在。

1）形位公差的组成

在 AutoCAD 中，可以通过特征控制框来显示形位公差信息，如图形的形状、轮廓、方向、位置和跳动的偏差等，如图 10-55 所示。

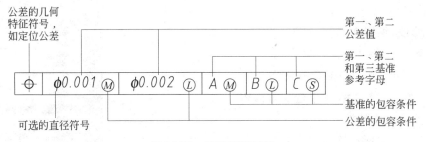

图 10-55　特征控制框架

2）标注形位公差

选择"标注"→"公差"命令，或在"标注"工具栏中单击"公差"按钮，打开"形位公差"对话框，可以设置公差的符号、数值及基准等参数，如图 10-56 所示。

（1）"符号"选项：单击该列的■框，将打开"符号"对话框，可以为公差选择几何特征符号，如图 10-57 所示。

（2）"公差 1"和"公差 2"命令：单击该列前面的■框，将插入一个直径符号。在中间的文本框中，可以输入公差值。单击该列后面的■框，将打开"附加符号"对话框，可以为公差选择包容条件符号，如图 10-58 所示。

图 10-56　"形位公差"对话框

图 10-57　公差特征符号

图 10-58　选择包容条件

（3）"基准 1"、"基准 2"和"基准 3"选项组：设置公差基准和相应的包容条件。

（4）"高度"文本框：设置投影公差带的值。投影公差带控制固定垂直部分延伸区的高度变化，并以位置公差控制公差精度。

（5）"延伸公差带"选项：单击█框，可在延伸公差带值的后面插入延伸公差带符号。

（6）"基准标识符"文本框：创建由参照字母组成的基准标识符号。

6. 修改、编辑文本

命令行：DDedit

下拉菜单：修改→对象→文字

用于修改已标注在图中的文本内容。

7. 修改文本特性

命令行：DDmodify

下拉菜单：修改→特性

工具栏：

用于修改已标注在图中文本的位置、特性、内容等。

系统提示：

Select one Object to Modify：（点取要修改的文本）

弹出"文本修改"对话框，可修改文本的有关特性（图 10-59）。

图 10-59　"文本修改"对话框

10.7　AutoCAD 2007 的块功能

　　用户在绘图过程中,经常要遇到绘制某些重复的图形,这时可以利用 Block 命令将这些实体组合成一个整体,称为图块,并起一个块名字存于图形文件之中。当需要这个块时,可以用块插入命令插入到图形中的任何位置,插入时可以赋给块不同的比例和转角。图 10-60(a)为定义的粗糙度块,图 10-60(b)为从不同方向插入的粗糙度块。

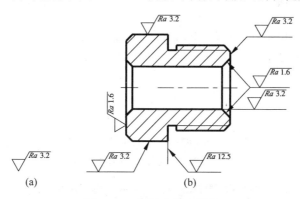

图 10-60　图块与插入图块

　　当在不同的图形文件中使用同一个块时,可以用 Wblock 命令把块写盘,作为公用块,作图时可以插入到任何图形文件中。也可将整张图作为一个公用块,作图时整体插入到其他的图形中。

10.7.1　定义块

　　用户要使用块,首先要将画好的图形对象定义成块。将对象定义成块可以采用以下三种方式:

　　命令行:Block

　　下拉菜单:绘图→块→创建

　　工具栏:

　　输入命令后,弹出"块定义"对话框,如图 10-61 所示,该对话框主要有"名称"下拉列表、"基点"栏、"对象"栏、"设置"栏等选项。

　　块名称:输入要定义的块名。

　　基点按钮:确定插入块时的基点。可从对话框的 X、Y 和 Z 处输入坐标值,也可单击"拾取点"按钮,用鼠标从屏幕绘图区选择对象。

　　选择对象按钮:选取要定义成块的对象。

　　以上选项执行后,单击"确定"按钮,完成块的定义。

图 10-61　"块定义"对话框

10.7.2　块存盘

命令行：Wblock

将块以图形文件的形式（.dwg）写入磁盘，并可在其他文件中调用。

输入命令后，弹出写块对话框。定义方法与定义块相类似，但需要指出块存盘的路径，以方便查找。

10.7.3　插入块

将定义好的块可以不同的比例和转角插入到图形文件中。有两种插入的方法：利用命令插入块和利用对话框插入块。

命令行：Ddinsert

下拉菜单：插入→块

工具栏：

输入命令后，弹出"插入"对话框，如图 10-62 所示，该对话框主要有"名称"下拉菜单、"浏览"按钮、"插入点"栏、"缩放比例"栏、"旋转"栏和"分解"复选框，其含义如下。

图 10-62　"插入"对话框

"名称"下拉菜单栏：输入或选取块名。

"浏览"按钮：如果要插入的不是当前图形中的块，而是图形文件，则要单击该按钮，打开"选择文件"对话框，从中选择文件。

"插入点"栏：确定块插入基点。

"旋转"栏：用于确定块插入时的旋转角度。

"缩放比例"栏：用于确定块插入时的比例。

"分解"复选框：用于将构成块的对象分解开，而不是作为一个整体来插入。

10.7.4　块的属性

AutoCAD 允许为块加入非图形信息，即为块建立属性。属性包括属性标志和属性值两个方面的内容。在不同位置插入同一个块时，可以有不同的属性值。

属性定义利用对话框设置。

命令行：Attdef

下拉菜单：绘图→块→定义属性

弹出"属性定义"对话框（图 10-63），主要由"模式"栏、"属性"栏、"插入点"栏、"文字选项"栏等组成，基本操作如下。

图 10-63　"属性定义"对话框

"属性"栏：用于设置属性标志、提示及默认值。可分别输入属性值，如 RA；输入属性提示；输入属性默认值。

"插入点"栏：确定标注属性值的起始位置，选定"在屏幕上指定"单选框，可以直接在绘图区确定属性标志及属性值标定的起始位置，也可在 X、Y、Z 的编辑框内输入插入点的坐标。

"文字选项"栏：确定与属性文本有关的选项。

10.8　AutoCAD 2007 的正等轴测功能

AutoCAD 2007 的正等轴测功能为用户提供了一个方便绘制正等轴测图的环境。在执行该功能时，首先通过捕捉命令将捕捉类型设置成等轴测捕捉（图 10-64）。

图 10-64　AutoCAD 轴测图设置

下拉菜单：工具→草图设置

系统提示：输入等轴测平面设置左(Left)/上(Top)/右(Right)

Left：选左面为当前绘图面，光标十字线为150°和90°方向，表示在左面上绘图。

Top：选顶面为当前绘图面，光标十字线为30°和150°方向，表示在顶面上绘图。

Right：选右面为当前绘图面，光标十字线为30°和90°方向，表示在右面上绘图。

用户也可用【F5】或【Ctrl＋E】键在左、顶、右绘图面之间切换。

图 10-65　轴测图

【例 10-5】　绘制如图 10-65 所示的轴测图，其画图步骤如图 10-66 所示。

(a)　　　　　　　　　　(b)

(c)　　　　　　　　　　(d)

图 10-66　AutoCAD 轴测图画图步骤

附录 A 极限与配合

附表 A-1 轴的优先及常用轴公差带极限偏差数值表(摘自 GB/T 1800.2—2009)　　μm

基本尺寸/mm 大于	至	a 11	b 11	b 12	c 9	c 10	c ⑪	d 8	d ⑨	d 10	d 11	e 7	e 8	e 9
—	3	−270/−330	−140/−200	−140/−240	−60/−85	−60/−100	−60/−120	−20/−34	−20/−45	−20/−60	−20/−80	−14/−24	−14/−28	−14/−39
3	6	−270/−345	−140/−215	−140/−260	−70/−100	−70/−118	−70/−145	−30/−48	−30/−60	−30/−78	−30/−105	−20/−32	−20/−38	−20/−50
6	10	−280/−370	−150/−240	−150/−300	−80/−116	−80/−138	−80/−170	−40/−62	−40/−79	−40/−98	−40/−130	−25/−40	−25/−47	−25/−61
10	14	−290/−400	−150/−260	−150/−330	−95/−138	−95/−165	−95/−205	−50/−77	−50/−93	−50/−120	−50/−160	−32/−50	−32/−59	−32/−75
14	18	−290/−400	−150/−260	−150/−330	−95/−138	−95/−165	−95/−205	−50/−77	−50/−93	−50/−120	−50/−160	−32/−50	−32/−59	−32/−75
18	24	−300/−430	−160/−290	−160/−370	−110/−162	−110/−194	−110/−240	−65/−98	−65/−117	−65/−149	−65/−195	−40/−61	−40/−73	−40/−92
24	30	−300/−430	−160/−290	−160/−370	−110/−162	−110/−194	−110/−240	−65/−98	−65/−117	−65/−149	−65/−195	−40/−61	−40/−73	−40/−92
30	40	−310/−470	−170/−330	−170/−420	−120/−182	−120/−220	−120/−280	−80/−119	−80/−142	−80/−180	−80/−240	−50/−75	−50/−89	−50/−112
40	50	−320/−480	−180/−340	−180/−430	−130/−192	−130/−230	−130/−290	−80/−119	−80/−142	−80/−180	−80/−240	−50/−75	−50/−89	−50/−112
50	65	−340/−530	−190/−380	−190/−490	−140/−214	−140/−260	−140/−330	−100/−146	−100/−174	−100/−220	−100/−290	−60/−90	−60/−106	−60/−134
65	80	−360/−550	−200/−390	−200/−500	−150/−224	−150/−270	−150/−340	−100/−146	−100/−174	−100/−220	−100/−290	−60/−90	−60/−106	−60/−134
80	100	−380/−600	−200/−440	−220/−570	−170/−257	−170/−310	−170/−390	−120/−174	−120/−207	−120/−260	−120/−340	−72/−109	−72/−126	−72/−159
100	120	−410/−630	−240/−460	−240/−590	−180/−267	−180/−320	−180/−400	−120/−174	−120/−207	−120/−260	−120/−340	−72/−109	−72/−126	−72/−159
120	140	−460/−710	−260/−510	−260/−660	−200/−300	−200/−360	−200/−450	−145/−208	−145/−245	−145/−305	−145/−395	−85/−125	−85/−148	−85/−185
140	160	−520/−770	−280/−530	−280/−680	−210/−310	−210/−370	−210/−460	−145/−208	−145/−245	−145/−305	−145/−395	−85/−125	−85/−148	−85/−185
160	180	−580/−830	−310/−560	−310/−710	−230/−330	−230/−390	−230/−480	−145/−208	−145/−245	−145/−305	−145/−395	−85/−125	−85/−148	−85/−185
180	200	−660/−950	−340/−630	−340/−800	−240/−355	−240/−425	−240/−530	−170/−242	−170/−285	−170/−355	−170/−460	−100/−146	−100/−172	−100/−215
200	225	−740/−1030	−380/−670	−380/−840	−260/−375	−260/−445	−260/−550	−170/−242	−170/−285	−170/−355	−170/−460	−100/−146	−100/−172	−100/−215
225	250	−820/−1110	−420/−710	−420/−880	−280/−395	−280/−465	−280/−570	−170/−242	−170/−285	−170/−355	−170/−460	−100/−146	−100/−172	−100/−215
250	280	−920/−1240	−480/−800	−480/−1000	−300/−430	−300/−510	−300/−620	−190/−271	−190/−320	−190/−400	−190/−510	−110/−162	−110/−191	−110/−240
280	315	−1050/−1370	−540/−860	−540/−1060	−330/−460	−330/−540	−330/−650	−190/−271	−190/−320	−190/−400	−190/−510	−110/−162	−110/−191	−110/−240
315	355	−1200/−1560	−600/−960	−600/−1170	−360/−500	−360/−590	−360/−720	−210/−299	−210/−350	−210/−440	−210/−570	−125/−182	−125/−214	−125/−265
355	400	−1350/−1710	−680/−1040	−680/−1250	−400/−540	−400/−630	−400/−760	−210/−299	−210/−350	−210/−440	−210/−570	−125/−182	−125/−214	−125/−265
400	450	−1500/−1900	−760/−1160	−760/−1390	−440/−595	−440/−690	−440/−840	−230/−327	−230/−385	−230/−480	−230/−630	−135/−198	−135/−232	−135/−290
450	500	−1650/−2050	−840/−1240	−840/−1470	−480/−635	−480/−730	−480/−880	−230/−327	−230/−385	−230/−480	−230/−630	−135/−198	−135/−232	−135/−290

注：基本尺寸小于 1 mm 时,各级的 a 和 b 均不采用。

续表

基本尺寸/mm 大于	至	f 5	6	⑦	8	9	g 5	⑥	7	h 5	⑥	⑦	8	⑨	10	⑪	12
—	3	-6 -10	-6 -12	-6 -16	-6 -20	-6 -31	-2 -6	-2 -8	-2 -12	0 -4	0 -6	0 -10	0 -14	0 -25	0 -40	0 -60	0 -100
3	6	-10 -15	-10 -18	-10 -22	-10 -28	-10 -40	-4 -9	-4 -12	-4 -16	0 -5	0 -8	0 -12	0 -18	0 -30	0 -48	0 -75	0 -120
6	10	-13 -19	-13 -22	-13 -28	-13 -35	-13 -49	-5 -11	-5 -14	-5 -20	0 -6	0 -9	0 -15	0 -22	0 -36	0 -58	0 -90	0 -150
10	14	-16 -24	-16 -27	-16 -34	-16 -43	-16 -59	-6 -14	-6 -17	-6 -24	0 -8	0 -11	0 -18	0 -27	0 -43	0 -70	0 -110	0 -180
14	18																
18	24	-20 -29	-20 -33	-20 -41	-20 -53	-20 -72	-7 -16	-7 -20	-7 -28	0 -9	0 -13	0 -21	0 -33	0 -52	0 -84	0 -130	0 -210
24	30																
30	40	-25 -36	-25 -41	-25 -50	-25 -64	-25 -87	-9 -20	-9 -25	-9 -34	0 -11	0 -16	0 -25	0 -39	0 -62	0 -100	0 -160	0 -250
40	50																
50	65	-30 -43	-30 -49	-30 -60	-30 -76	-30 -104	-10 -23	-10 -29	-10 -40	0 -13	0 -19	0 -30	0 -46	0 -74	0 -120	0 -190	0 -300
65	80																
80	100	-36 -51	-36 -58	-36 -71	-36 -90	-36 -123	-12 -27	-12 -34	-12 -47	0 -15	0 -22	0 -35	0 -54	0 -87	0 -140	0 -220	0 -350
100	120																
120	140	-43 -61	-43 -68	-43 -83	-43 -106	-43 -143	-14 -32	-14 -39	-14 -54	0 -18	0 -25	0 -40	0 -63	0 -100	0 -160	0 -250	0 -400
140	160																
160	180																
180	200	-50 -70	-50 -79	-50 -96	-50 -122	-50 -165	-15 -35	-15 -44	-15 -61	0 -20	0 -29	0 -46	0 -72	0 -115	0 -185	0 -290	0 -460
200	225																
225	250																
250	280	-56 -79	-56 -88	-56 -108	-56 -137	-56 -186	-17 -40	-17 -49	-17 -69	0 -23	0 -32	0 -52	0 -81	0 -130	0 -210	0 -320	0 -520
280	315																
315	355	-62 -87	-62 -98	-62 -119	-62 -151	-62 -202	-18 -43	-18 -54	-18 -75	0 -25	0 -36	0 -57	0 -89	0 -140	0 -230	0 -360	0 -570
355	400																
400	450	-68 -95	-68 -108	-68 -131	-68 -165	-68 -223	-20 -47	-20 -60	-20 -83	0 -27	0 -40	0 -63	0 -97	0 -155	0 -250	0 -400	0 -630
450	500																

续表

基本尺寸/mm		常用及优先公差带(带圈者为优先公差带)														
		js			k			m			n			p		
大于	至	5	⑥	7	5	⑥	7	5	6	7	5	⑥	7	5	⑥	7
—	3	±2	±3	±5	+4/0	+6/0	+10/0	+6/+2	+8/+2	+12/+2	+8/+4	+10/+4	+14/+4	+10/+6	+12/+6	+16/+6
3	6	±2.5	±4	±6	+6/+1	+9/+1	+13/+1	+9/+4	+12/+4	+16/+4	+13/+8	+16/+8	+20/+8	+17/+12	+20/+12	+24/+12
6	10	±3	±4.5	±7	+7/+1	+10/+1	+16/+1	+12/+6	+15/+6	+21/+6	+16/+10	+19/+10	+25/+10	+21/+15	+24/+15	+30/+15
10	14	±4	±5.5	±9	+9/+1	+12/+1	+19/+1	+15/+7	+18/+7	+25/+7	+20/+12	+23/+12	+30/+12	+26/+18	+29/+18	+36/+18
14	18															
18	24	±4.5	±6.5	±10	+11/+2	+15/+2	+23/+2	+17/+8	+21/+8	+29/+8	+24/+15	+28/+15	+36/+15	+31/+22	+35/+22	+43/+22
24	30															
30	40	±5.5	±8	±12	+13/+2	+18/+2	+27/+2	+20/+9	+25/+9	+34/+9	+28/+17	+33/+17	+42/+17	+37/+26	+42/+26	+51/+26
40	50															
50	65	±6.5	±9.5	±15	+15/+2	+21/+2	+32/+2	+24/+11	+30/+11	+41/+11	+33/+20	+39/+20	+50/+20	+45/+32	+51/+32	+62/+32
65	80															
80	100	±7.5	±11	±17	+18/+3	+25/+3	+38/+3	+28/+13	+35/+13	+48/+13	+38/+23	+45/+23	+58/+23	+52/+37	+59/+37	+72/+37
100	120															
120	140	±9	±12.5	±20	+21/+3	+28/+3	+43/+3	+33/+15	+40/+15	+55/+15	+45/+27	+52/+27	+67/+27	+61/+43	+68/+43	+83/+43
140	160															
160	180															
180	200	±10	±14.5	±23	+24/+4	+33/+4	+50/+4	+37/+17	+46/+17	+63/+17	+51/+31	+60/+31	+77/+31	+70/+50	+79/+50	+96/+50
200	225															
225	250															
250	280	±11.5	±16	±26	+27/+4	+36/+4	+56/+4	+43/+20	+52/+20	+72/+20	+57/+34	+66/+34	+86/+34	+79/+56	+88/+56	+108/+56
280	315															
315	355	±12.5	±18	±28	+29/+4	+40/+4	+61/+4	+46/+21	+57/+21	+78/+21	+62/+37	+73/+37	+94/+37	+87/+62	+98/+62	+119/+62
355	400															
400	450	±13.5	±20	±31	+32/+5	+45/+5	+68/+5	+50/+23	+63/+23	+86/+23	+67/+40	+80/+40	+103/+40	+95/+68	+108/+68	+131/+68
450	500															

基本尺寸/mm 大于	至	r5	r6	r7	s5	s⑥	s7	t5	t6	t7	u⑥	u7	v6	x6	y6	z6
—	3	+14/+10	+16/+10	+20/+10	+18/+14	+20/+14	+24/+14	—	—	—	+24/+18	+28/+18	—	+26/+20	—	+32/+26
3	6	+20/+15	+23/+15	+27/+15	+24/+19	+27/+19	+31/+19	—	—	—	+31/+23	+35/+23	—	+36/+28	—	+43/+35
6	10	+25/+19	+28/+19	+34/+19	+29/+23	+32/+23	+38/+23	—	—	—	+37/+28	+43/+28	—	+43/+34	—	+51/+42
10	14	+31/+23	+34/+23	+41/+23	+36/+28	+39/+28	+46/+28	—	—	—	+44/+33	+51/+33	—	+51/+40	—	+61/+50
14	18	+31/+23	+34/+23	+41/+23	+36/+28	+39/+28	+46/+28	—	—	—	+44/+33	+51/+33	+50/+39	+56/+45	—	+71/+60
18	24	+37/+28	+41/+28	+49/+28	+44/+35	+48/+35	+56/+35	—	—	—	+54/+41	+62/+41	+60/+47	+67/+54	+76/+63	+86/+73
24	30	+37/+28	+41/+28	+49/+28	+44/+35	+48/+35	+56/+35	+50/+41	+54/+41	+62/+41	+61/+48	+69/+48	+68/+55	+77/+64	+88/+75	+101/+88
30	40	+45/+34	+50/+34	+59/+34	+54/+43	+59/+43	+68/+43	+59/+48	+64/+48	+73/+48	+76/+60	+85/+60	+84/+68	+96/+80	+110/+94	+128/+112
40	50	+45/+34	+50/+34	+59/+34	+54/+43	+59/+43	+68/+43	+65/+54	+70/+54	+79/+54	+86/+70	+95/+70	+97/+81	+113/+97	+130/+114	+152/+136
50	65	+54/+41	+60/+41	+71/+41	+66/+53	+72/+53	+83/+53	+79/+66	+85/+66	+96/+66	+106/+87	+117/+87	+121/+102	+141/+122	+163/+144	+191/+172
65	80	+56/+43	+62/+43	+73/+43	+72/+59	+78/+59	+89/+59	+88/+75	+94/+75	+105/+75	+121/+102	+132/+102	+139/+120	+165/+146	+193/+174	+229/+210
80	100	+66/+51	+73/+51	+86/+51	+86/+71	+93/+71	+106/+71	+106/+91	+113/+91	+126/+91	+146/+124	+159/+124	+168/+146	+200/+178	+236/+214	+280/+258
100	120	+69/+54	+76/+54	+89/+54	+94/+79	+101/+79	+114/+79	+110/+104	+126/+104	+136/+104	+166/+144	+179/+144	+194/+172	+232/+210	+276/+254	+332/+310
120	140	+81/+63	+88/+63	+103/+63	+110/+92	+117/+92	+132/+92	+140/+122	+147/+122	+162/+122	+195/+170	+210/+170	+227/+202	+273/+248	+325/+300	+390/+365
140	160	+83/+65	+90/+65	+105/+65	+118/+100	+125/+100	+140/+100	+152/+134	+159/+134	+174/+134	+215/+190	+230/+190	+253/+228	+305/+280	+365/+340	+440/+415
160	180	+86/+68	+93/+68	+108/+68	+126/+108	+133/+108	+148/+108	+164/+146	+171/+146	+186/+146	+235/+210	+250/+210	+277/+252	+335/+310	+405/+380	+490/+465
180	200	+97/+77	+106/+77	+123/+77	+142/+122	+151/+122	+168/+122	+186/+166	+195/+166	+212/+166	+265/+236	+282/+236	+313/+284	+379/+350	+454/+425	+549/+520
200	225	+100/+80	+109/+80	+126/+80	+150/+130	+159/+130	+176/+130	+200/+180	+209/+180	+226/+180	+287/+258	+304/+258	+339/+310	+414/+385	+499/+470	+604/+575
225	250	+104/+84	+113/+84	+130/+84	+160/+140	+169/+140	+186/+140	+216/+196	+225/+196	+242/+196	+313/+284	+330/+284	+369/+340	+454/+425	+549/+520	+669/+640
250	280	+117/+94	+126/+94	+146/+94	+181/+158	+190/+158	+210/+158	+241/+218	+250/+218	+270/+218	+347/+315	+367/+315	+417/+385	+507/+475	+612/+580	+742/+710
280	315	+121/+98	+130/+98	+150/+98	+193/+170	+202/+170	+222/+170	+263/+240	+272/+240	+292/+240	+382/+350	+402/+350	+457/+425	+557/+525	+682/+650	+822/+790
315	355	+133/+108	+144/+108	+165/+108	+215/+190	+226/+190	+247/+190	+293/+268	+304/+268	+325/+268	+426/+390	+447/+390	+511/+475	+626/+590	+766/+730	+936/+900
355	400	+139/+114	+150/+114	+171/+114	+233/+208	+244/+208	+265/+208	+319/+294	+330/+294	+351/+294	+471/+435	+492/+435	+566/+530	+696/+660	+856/+820	+1036/+1000
400	450	+153/+126	+166/+126	+189/+126	+259/+232	+272/+232	+295/+232	+357/+330	+370/+330	+393/+330	+530/+490	+553/+490	+635/+595	+780/+740	+960/+920	+1140/+1100
450	500	+159/+132	+172/+132	+195/+132	+279/+252	+292/+252	+315/+252	+387/+360	+400/+360	+423/+360	+580/+540	+603/+540	+700/+660	+860/+820	+1040/+1000	+1290/+1250

表头：常用及优先公差带(带圈者为优先公差带)

附表 A-2　孔的优先及常用公差带极限偏差数值表（摘自 GB/T 1800.2—2009）　μm

基本尺寸/mm 大于	至	A 11	B 11	B 12	C ⑪	D 8	D ⑨	D 10	D 11	E 8	E 9	F 6	F 7	F ⑧	F 9
—	3	+330/+270	+200/+140	+240/+140	+120/+60	+34/+20	+45/+20	+60/+20	+80/+20	+28/+14	+39/+14	+12/+6	+16/+6	+20/+6	+31/+6
3	6	+345/+270	+215/+140	+260/+140	+145/+70	+48/+30	+60/+30	+78/+30	+105/+30	+38/+20	+50/+20	+18/+10	+22/+10	+28/+10	+40/+10
6	10	+370/+280	+240/+150	+300/+150	+170/+80	+62/+40	+76/+40	+98/+40	+130/+40	+47/+25	+61/+25	+22/+13	+28/+13	+35/+13	+49/+13
10	14	+400/+290	+260/+150	+330/+150	+205/+95	+77/+50	+93/+50	+120/+50	+160/+50	+59/+32	+75/+32	+27/+16	+34/+16	+43/+16	+59/+16
14	18	+400/+290	+260/+150	+330/+150	+205/+95	+77/+50	+93/+50	+120/+50	+160/+50	+59/+32	+75/+32	+27/+16	+34/+16	+43/+16	+59/+16
18	24	+430/+300	+290/+160	+370/+160	+240/+110	+98/+65	+117/+65	+149/+65	+195/+65	+73/+40	+92/+40	+33/+20	+41/+20	+53/+20	+72/+20
24	30	+430/+300	+290/+160	+370/+160	+240/+110	+98/+65	+117/+65	+149/+65	+195/+65	+73/+40	+92/+40	+33/+20	+41/+20	+53/+20	+72/+20
30	40	+470/+310	+330/+170	+420/+170	+280/+170	+119/+80	+142/+80	+180/+80	+240/+80	+89/+50	+112/+50	+41/+25	+50/+25	+64/+25	+87/+25
40	50	+480/+320	+340/+180	+430/+180	+290/+180	+119/+80	+142/+80	+180/+80	+240/+80	+89/+50	+112/+50	+41/+25	+50/+25	+64/+25	+87/+25
50	65	+530/+340	+380/+190	+490/+190	+330/+140	+146/+100	+170/+100	+220/+100	+290/+100	+106/+60	+134/+60	+49/+30	+60/+30	+76/+30	+104/+30
65	80	+550/+360	+390/+200	+500/+200	+340/+150	+146/+100	+170/+100	+220/+100	+290/+100	+106/+60	+134/+60	+49/+30	+60/+30	+76/+30	+104/+30
80	100	+600/+380	+440/+220	+570/+220	+390/+170	+174/+120	+207/+120	+260/+120	+340/+120	+126/+72	+159/+72	+58/+36	+71/+36	+90/+36	+123/+36
100	120	+630/+410	+460/+240	+590/+240	+400/+180	+174/+120	+207/+120	+260/+120	+340/+120	+126/+72	+159/+72	+58/+36	+71/+36	+90/+36	+123/+36
120	140	+710/+460	+510/+260	+660/+260	+450/+200	+208/+145	+245/+145	+305/+145	+395/+145	+148/+85	+185/+85	+68/+43	+83/+43	+106/+43	+143/+43
140	160	+770/+520	+530/+280	+680/+280	+460/+210	+208/+145	+245/+145	+305/+145	+395/+145	+148/+85	+185/+85	+68/+43	+83/+43	+106/+43	+143/+43
160	180	+830/+580	+560/+310	+710/+310	+480/+230	+208/+145	+245/+145	+305/+145	+395/+145	+148/+85	+185/+85	+68/+43	+83/+43	+106/+43	+143/+43
180	200	+950/+660	+630/+340	+800/+340	+530/+240	+242/+170	+285/+170	+355/+170	+460/+170	+172/+100	+215/+100	+79/+50	+96/+50	+122/+50	+165/+50
200	225	+1030/+740	+670/+380	+840/+380	+550/+260	+242/+170	+285/+170	+355/+170	+460/+170	+172/+100	+215/+100	+79/+50	+96/+50	+122/+50	+165/+50
225	250	+1110/+820	+710/+420	+880/+420	+570/+280	+242/+170	+285/+170	+355/+170	+460/+170	+172/+100	+215/+100	+79/+50	+96/+50	+122/+50	+165/+50
250	280	+1240/+920	+800/+480	+1000/+480	+620/+300	+271/+190	+320/+190	+400/+190	+510/+190	+191/+110	+240/+110	+88/+56	+108/+56	+137/+56	+186/+56
280	315	+1370/+1050	+860/+540	+1060/+540	+650/+330	+271/+190	+320/+190	+400/+190	+510/+190	+191/+110	+240/+110	+88/+56	+108/+56	+137/+56	+186/+56
315	355	+1560/+1200	+960/+600	+1170/+600	+720/+360	+299/+210	+350/+210	+440/+210	+570/+210	+214/+125	+265/+125	+98/+62	+119/+62	+151/+62	+202/+62
355	400	+1710/+1350	+1040/+680	+1250/+680	+760/+400	+299/+210	+350/+210	+440/+210	+570/+210	+214/+125	+265/+125	+98/+62	+119/+62	+151/+62	+202/+62
400	450	+1900/+1500	+1160/+760	+1390/+760	+840/+440	+327/+230	+385/+230	+480/+230	+630/+230	+232/+135	+290/+135	+108/+68	+131/+68	+165/+68	+223/+68
450	500	+2050/+1650	+1240/+840	+1470/+840	+880/+480	+327/+230	+385/+230	+480/+230	+630/+230	+232/+135	+290/+135	+108/+68	+131/+68	+165/+68	+223/+68

注：基本尺寸小于 1 mm 时，各级的 A 和 B 均不采用。

续表

基本尺寸/mm 大于	至	G 6	G ⑦	H 6	H ⑦	H ⑧	H ⑨	H 10	H ⑪	H 12	Js 6	Js 7	Js 8	K 6	K ⑦	K 8	M 6	M 7	M 8
—	3	+8/+2	+12/+2	+6/0	+10/0	+14/0	+25/0	+40/0	+60/0	+100/0	±3	±5	±7	0/−6	0/−10	0/−14	−2/−8	−2/−12	−2/−16
3	6	+12/+4	+16/+4	+8/0	+12/0	+18/0	+30/0	+48/0	+75/0	+120/0	±4	±6	±9	+2/−6	+3/−9	+5/−13	−1/−9	0/−12	+2/−16
6	10	+14/+5	+20/+5	+9/0	+15/0	+22/0	+36/0	+58/0	+90/0	+150/0	±4.5	±7	±11	+2/−7	+5/−10	+6/−16	−3/−12	0/−15	+1/−21
10	14	+17/+6	+24/+6	+11/0	+18/0	+27/0	+43/0	+70/0	+110/0	+180/0	±5.5	±9	±13	+2/−9	+6/−12	+8/−19	−4/−15	0/−18	+2/−25
14	18																		
18	24	+20/+7	+28/+7	+13/0	+21/0	+33/0	+52/0	+84/0	+130/0	+210/0	±6.5	±10	±16	+2/−11	+6/−15	+10/−23	−4/−17	0/−21	+4/−29
24	30																		
30	40	+25/+9	+34/+9	+16/0	+25/0	+39/0	+62/0	+100/0	+160/0	+250/0	±8	±12	±19	+3/−13	+7/−18	+12/−27	−4/−20	0/−25	+5/−34
40	50																		
50	65	+29/+10	+40/+10	+19/0	+30/0	+46/0	+74/0	+120/0	+190/0	+300/0	±9.5	±15	±23	+4/−15	+9/−21	+14/−32	−5/−24	0/−30	+5/−41
65	80																		
80	100	+34/+12	+47/+12	+22/0	+35/0	+54/0	+87/0	+140/0	+220/0	+350/0	±11	±17	±27	+4/−18	+10/−25	+16/−38	−6/−28	0/−35	+6/−48
100	120																		
120	140	+39/+14	+54/+14	+25/0	+40/0	+63/0	+100/0	+160/0	+250/0	+400/0	±12.5	±20	±31	+4/−21	+12/−28	+20/−43	−8/−33	0/−40	+8/−55
140	160																		
160	180																		
180	200	+44/+15	+61/+15	+29/0	+46/0	+72/0	+115/0	+185/0	+290/0	+460/0	±14.5	±23	±36	+5/−24	+13/−33	+22/−50	−8/−37	0/−46	+9/−63
200	225																		
225	250																		
250	280	+49/+17	+69/+17	+32/0	+52/0	+81/0	+130/0	+210/0	+320/0	+520/0	±16	±26	±40	+5/−27	+16/−36	+25/−56	−9/−41	0/−52	+9/−72
280	315																		
315	355	+54/+18	+75/+18	+36/0	+57/0	+89/0	+140/0	+230/0	+360/0	+570/0	±18	±28	±44	+7/−29	+17/−40	+28/−61	−10/−46	0/−57	+11/−78
355	400																		
400	450	+60/+20	+83/+20	+40/0	+63/0	+97/0	+155/0	+250/0	+400/0	+630/0	±20	±31	±48	+8/−32	+18/−45	+29/−68	−10/−50	0/−63	+11/−86
450	500																		

续表

基本尺寸/mm 大于	至	N6	N⑦	N8	P6	P⑦	R6	R7	S6	S⑦	T6	T7	U⑦
—	3	-4/-10	-4/-14	-4/-18	-6/-12	-6/-16	-10/-16	-10/-20	-14/-20	-14/-24	—	—	-18/-28
3	6	-5/-13	-4/-16	-2/-20	-9/-17	-8/-20	-12/-20	-11/-23	-16/-24	-15/-27	—	—	-19/-31
6	10	-7/-16	-4/-19	-3/-25	-12/-21	-9/-24	-16/-25	-13/-28	-20/-29	-17/-32	—	—	-22/-37
10	14	-9/-20	-5/-23	-3/-30	-15/-26	-11/-29	-20/-31	-16/-34	-25/-36	-21/-39	—	—	-26/-44
14	18	-9/-20	-5/-23	-3/-30	-15/-26	-11/-29	-20/-31	-16/-34	-25/-36	-21/-39	—	—	-26/-44
18	24	-11/-24	-7/-28	-3/-36	-18/-31	-14/-35	-24/-37	-20/-41	-31/-44	-27/-48	—	—	-33/-54
24	30	-11/-24	-7/-28	-3/-36	-18/-31	-14/-35	-24/-37	-20/-41	-31/-44	-27/-48	-37/-50	-33/-54	-40/-61
30	40	-12/-28	-8/-33	-3/-42	-21/-37	-17/-42	-29/-45	-25/-50	-38/-54	-34/-59	-43/-59	-39/-64	-51/-76
40	50	-12/-28	-8/-33	-3/-42	-21/-37	-17/-42	-29/-45	-25/-50	-38/-54	-34/-59	-49/-65	-45/-70	-61/-86
50	65	-14/-33	-9/-39	-4/-50	-26/-45	-21/-51	-35/-54	-30/-60	-47/-66	-42/-72	-60/-79	-55/-85	-76/-106
65	80	-14/-33	-9/-39	-4/-50	-26/-45	-21/-51	-37/-56	-32/-62	-53/-72	-48/-78	-69/-88	-64/-94	-91/-121
80	100	-16/-38	-10/-45	-4/-58	-30/-52	-24/-59	-44/-66	-38/-73	-64/-86	-58/-93	-84/-106	-78/-113	-111/-146
100	120	-16/-38	-10/-45	-4/-58	-30/-52	-24/-59	-47/-69	-41/-76	-72/-94	-66/-101	-97/-119	-91/-126	-131/-166
120	140	-20/-45	-12/-52	-4/-67	-36/-61	-28/-68	-56/-81	-48/-88	-85/-110	-77/-117	-115/-140	-107/-147	-155/-195
140	160	-20/-45	-12/-52	-4/-67	-36/-61	-28/-68	-58/-83	-50/-90	-93/-118	-85/-125	-127/-152	-119/-159	-175/-215
160	180	-20/-45	-12/-52	-4/-67	-36/-61	-28/-68	-61/-86	-53/-93	-101/-126	-93/-133	-139/-164	-131/-171	-195/-235
180	200	-22/-51	-14/-60	-5/-77	-41/-70	-33/-79	-68/-97	-60/-106	-113/-142	-105/-151	-157/-186	-149/-195	-219/-265
200	225	-22/-51	-14/-60	-5/-77	-41/-70	-33/-79	-71/-100	-63/-109	-121/-150	-113/-159	-171/-200	-163/-209	-241/-287
225	250	-22/-51	-14/-60	-5/-77	-41/-70	-33/-79	-75/-104	-67/-113	-131/-160	-123/-169	-187/-216	-179/-225	-267/-313
250	280	-25/-57	-14/-66	-5/-86	-47/-79	-36/-88	-85/-117	-74/-126	-149/-181	-138/-190	-209/-241	-198/-250	-295/-347
280	315	-25/-57	-14/-66	-5/-86	-47/-79	-36/-88	-89/-121	-78/-130	-161/-193	-150/-202	-231/-263	-220/-272	-330/-382
315	355	-26/-62	-16/-73	-5/-94	-51/-87	-41/-98	-97/-133	-87/-144	-179/-215	-169/-226	-257/-293	-247/-304	-369/-426
355	400	-26/-62	-16/-73	-5/-94	-51/-87	-41/-98	-103/-139	-93/-150	-197/-233	-187/-244	-283/-319	-273/-330	-414/-471
400	450	-27/-67	-17/-80	-6/-103	-55/-95	-45/-108	-113/-153	-103/-166	-219/-259	-209/-272	-317/-357	-307/-370	-467/-530
450	500	-27/-67	-17/-80	-6/-103	-55/-95	-45/-108	-119/-159	-109/-172	-239/-279	-229/-279	-347/-387	-337/-400	-517/-580

常用及优先公差带（带圈者为优先公差带）

附录 B　常用螺纹

1. 普通螺纹（摘自 GB/T 193—2003, GB/T 196—2003）

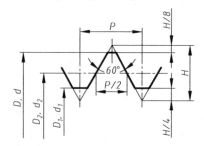

$$H=\frac{\sqrt{3}}{2}P$$

标记示例

M24：公称直径为 24 mm 的粗牙普通螺纹

M24×1.5：公称直径为 24 mm，螺距为 1.5 mm 的细牙普通螺纹

附表 B-1　普通螺纹直径、螺距和基本尺寸
mm

公称直径 D,d		螺距 P		粗牙小径 D_1,d_1	公称直径 D,d		螺距 P		粗牙小径 D_1,d_1
第一系列	第二系列	粗牙	细牙		第一系列	第二系列	粗牙	细牙	
3		0.5	0.35	2.459		22	2.5	2,1.5,1,(0.75),(0.5)	19.294
	3.5	0.6		2.850	24		3	2,1.5,1,(0.75),	20.752
4		0.7	0.5	3.242		27	3	2,1.5,1,(0.75),	23.752
	4.5	0.75		3.688	30		3.5	(3),2,1.5,1,(0.75)	26.211
5		0.8		4.134		33	3.5	(3),2,1.5,(1),(0.75)	29.211
6		1	0.75,(0.5)	4.917	36		4	3,2,1.5,(1)	31.670
8		1.25	1,0.75,(0.5)	6.647		39	4		34.670
10		1.5	1.25,1,0.75,(0.5)	8.376	42		4.5		37.129
12		1.75	1.5,1.25,1,(0.75),(0.5)	10.106		45	4.5	(4),3,2,1.5,(1)	40.129
	14	2	1.5,(1.25),1,(0.75),(0.5)	11.835	48		5		42.87
16		2	1.5,1,(0.75),(0.5)	13.835		52	5		46.587
	18	2.5	2,1.5,1,(0.75),(0.5)	15.294	56		5.5	4,3,2,1.5,(1)	50.046
20		2.5		17.294					

注：1. 优先选用第一系列，括号内尺寸尽可能不用，第三系列未列入。

　　2. 中径 D_2,d_2 未列入。

附表 B-2　细牙普通螺纹螺距与小径的关系
mm

螺距 P	小径 D_1,d_1	螺距 P	小径 D_1,d_1	螺距 P	小径 D_1,d_1
0.35	$d-1+0.621$	1	$d-2+0.918$	2	$d-3+0.835$
0.5	$d-1+0.459$	1.25	$d-2+0.647$	3	$d-4+0.752$
0.75	$d-1+0.188$	1.5	$d-2+0.376$	4	$d-5+0.670$

注：表中的小径按 $D_1=d_1=d-2\times\frac{5}{8}H$，$H=\frac{\sqrt{3}}{2}P$ 计算得出。

2. 梯形螺纹(摘自 GB/T 5796.2—2005、GB/T 5796.3—2005)

附表 B-3 梯形螺纹直径、螺距和基本尺寸   mm

公称直径 d		螺距	中径	大径	小径		公称直径 d		螺距	中径	大径	小径	
第一系列	第二系列	P	$d_2=D_2$	D	d_1	D_1	第一系列	第二系列	P	$d_2=D_2$	D	d_1	D_1
8		1.5	7.25	8.30	6.20	6.50			3	24.50	26.50	22.50	23.00
	9	1.5	8.25	9.30	7.20	7.50		26	5	23.50	26.50	20.50	21.00
		2	8.00	9.50	6.50	7.00			8	22.00	27.00	17.00	18.00
10		1.5	9.25	10.30	8.20	8.50			3	26.50	28.50	24.50	25.00
		2	9.00	10.50	7.50	8.00	28		5	25.50	28.50	22.50	23.00
	11	2	10.00	11.50	8.50	9.00			8	24.00	29.00	19.00	20.00
		3	9.50	11.50	7.50	8.00			3	28.50	30.50	26.50	29.00
12		2	11.00	12.50	9.50	10.00		30	6	27.00	31.00	23.00	24.00
		3	10.50	12.50	8.50	9.00			10	25.00	31.00	19.00	20.00
	14	2	13.00	14.50	11.50	12.00			3	30.50	32.50	28.50	29.00
		3	12.50	14.50	10.50	11.00	32		6	29.00	33.00	25.00	26.00
16		2	15.00	16.50	13.50	14.00			10	27.00	33.00	21.00	22.00
		4	14.00	16.50	11.50	12.00			3	32.50	34.50	30.50	31.00
	18	2	17.00	18.50	15.50	16.00		34	6	31.00	35.00	27.00	28.00
		4	16.00	18.50	13.50	14.00			10	29.00	35.00	23.00	24.00
20		2	19.00	20.50	17.50	18.00			3	34.50	36.50	32.50	33.00
		4	18.00	20.50	15.50	16.00	36		6	33.00	37.00	29.00	30.00
		3	20.50	22.50	18.50	19.00			10	31.00	37.00	25.00	26.00
	22	5	19.50	22.50	16.50	17.00			3	36.50	38.50	34.50	35.00
		8	18.00	23.00	13.00	14.00		38	7	34.50	39.00	30.00	31.00
									10	33.00	39.00	27.00	28.00
		3	22.50	24.50	20.50	21.00			3	38.50	40.50	36.50	37.00
24		5	21.50	24.50	18.50	19.00	40		7	36.50	41.00	32.00	33.00
		8	20.00	25.00	15.00	16.00			10	35.00	41.00	29.00	30.00

3. 非螺纹密封的管螺纹(摘自 GB/T 7307—2001)

附表 B-4　管螺纹尺寸代号及基本尺寸　　　　　　　mm

尺寸代号	每 25.4 mm 内的牙数 n	螺距 P	基本直径	
			大径 D,d	小径 D_1,d_1
1/8	28	0.907	9.728	8.566
1/4	19	1.337	13.157	11.445
3/8	19	1.337	16.662	14.950
1/2	14	1.814	20.955	18.631
5/8	14	1.814	22.911	20.587
3/4	14	1.814	26.441	24.117
7/8	14	1.814	30.201	27.877
1	11	2.309	33.249	30.291
$1\frac{1}{8}$	11	2.309	37.897	34.939
$1\frac{1}{4}$	11	2.309	41.910	38.952
$1\frac{1}{2}$	11	2.309	47.803	44.845
$1\frac{3}{4}$	11	2.309	53.746	50.788
2	11	2.309	59.614	56.656
$2\frac{1}{4}$	11	2.309	65.710	62.752
$2\frac{1}{2}$	11	2.309	75.184	72.226
$2\frac{3}{4}$	11	2.309	81.534	78.576
3	11	2.309	87.884	84.926

附录C 螺纹连接件

1. 六角头螺栓

六角头螺栓—C级(摘自 GB/T 5780—2000)　　　六角头螺栓—A 和 B 级(摘自 GB/T 5782—2000)

标记示例

螺纹规格 d＝M12、公称长度 l＝80 mm、性能等级为 8.8 级、表面氧化、A 级的六角头螺栓,其标记为:螺栓 GB/T 5782 M12×80

附表 C-1　六角头螺栓各部分尺寸　　　　　　　　　　　　　　　mm

螺纹规格 d			M3	M4	M5	M6	M8	M10	M12	M16	M20	M24	M30	M36	M42
B 参考	$l \leqslant 125$		12	14	16	18	22	26	30	38	46	54	66	—	—
	$125 < l \leqslant 200$		18	20	22	24	28	32	36	44	52	60	72	84	96
	$l > 200$		31	33	35	37	41	45	49	57	65	73	85	97	109
C			0.4	0.4	0.5	0.5	0.6	0.6	0.6	0.8	0.8	0.8	0.8	0.8	1
d_w	产品等级	A	4.57	5.88	6.88	8.88	11.63	14.63	16.63	22.49	28.19	33.61	—	—	—
		A、B	4.45	5.74	6.74	8.74	11.47	14.47	16.47	22	27.7	33.25	42.75	51.11	59.95
e	产品等级	A	6.01	7.66	8.79	11.05	14.38	17.77	20.03	26.75	33.53	39.98	—	—	—
		B、C	5.88	7.50	8.63	10.89	14.20	17.59	19.85	26.17	32.95	39.55	50.85	60.79	72.02
k 公称			2	2.8	3.5	4	5.3	6.4	7.5	10	12.5	15	18.7	22.5	26
r			0.1	0.2	0.2	0.25	0.4	0.4	0.6	0.6	0.8	0.8	1	1	1.2
s 公称			5.5	7	8	10	13	16	18	24	30	36	46	55	65
l(商品规格范围)			20～30	25～40	25～50	30～60	40～80	45～100	50～120	65～160	80～200	90～240	110～300	140～360	160～440
l 系列			12,16,20,25,30,35,40,45,50,55,60,65,70,80,90,100,110,120,130,140,150,160,180,200,220,240,260,280,300,320,340,360,380,400,420,440,460,480,500												

注: 1. A 级用于 $d \leqslant 24$ 和 $l \leqslant 10d$ 或 $\leqslant 150$ 的螺栓;
　　　 B 级用于 $d > 24$ 和 $l > 10d$ 或 > 150 的螺栓。
　　2. 螺纹规格 d 范围:GB/T 5780 为 M5～M64;GB/T 5782 为 M1.6～M64。
　　3. 公称长度范围:GB/T 5780 为 25～500;GB/T 5782 为 12～500。

2. 双头螺柱

双头螺柱——$b_m = 1d$(GB/T 897—1988)　　　双头螺柱——$b_m = 1.25d$(GB/T 898—1988)

双头螺柱——$b_m = 1.5d$(GB/T 899—1988)　　　双头螺柱——$b_m = 2d$(GB/T 900—1988)

标记示例

两端均为粗牙普通螺纹、$d = 10$ mm、$l = 50$ mm、性能等级为 4.8 级、B 型、$b_m = 1d$ 的双头螺柱，其标记为：螺柱 GB/T 897 M10×50

旋入端为粗牙普通螺纹、紧固端为螺距 $P = 1$ mm 的细牙普通螺纹、$d = 10$ mm、$l = 50$ mm、性能等级为 4.8 级、A 型、$b_m = 1d$ 的双头螺柱，其标记为：螺柱 GB/T 897 AM10—M10×1×50

附表 C-2　双头螺柱各部分尺寸　　　　　　　　　　　　　　　　　mm

螺纹规格		M5	M6	M8	M10	M12	M16	M20	M24	M30	M36	M42
b_m（公称）	GB/T 897	5	6	8	10	12	16	20	24	30	36	42
	GB/T 898	6	8	10	12	15	20	25	30	38	45	52
	GB/T 899	8	10	12	15	18	24	30	36	45	54	65
	GB/T 900	10	12	16	20	24	32	40	48	60	72	84
d_s(max)		5	6	8	10	12	16	20	24	30	36	42
x(max)						2.5P						
$\dfrac{l}{b}$		$\dfrac{16\sim22}{10}$	$\dfrac{20\sim22}{10}$	$\dfrac{20\sim22}{12}$	$\dfrac{25\sim28}{14}$	$\dfrac{25\sim30}{16}$	$\dfrac{30\sim38}{20}$	$\dfrac{35\sim40}{25}$	$\dfrac{45\sim50}{30}$	$\dfrac{60\sim65}{40}$	$\dfrac{65\sim75}{45}$	$\dfrac{65\sim80}{50}$
		$\dfrac{25\sim50}{16}$	$\dfrac{25\sim30}{14}$	$\dfrac{25\sim30}{16}$	$\dfrac{30\sim38}{16}$	$\dfrac{32\sim40}{20}$	$\dfrac{40\sim55}{30}$	$\dfrac{45\sim65}{35}$	$\dfrac{55\sim75}{45}$	$\dfrac{70\sim90}{50}$	$\dfrac{80\sim110}{60}$	$\dfrac{85\sim110}{70}$
			$\dfrac{32\sim75}{18}$	$\dfrac{32\sim90}{22}$	$\dfrac{40\sim120}{26}$	$\dfrac{40\sim120}{30}$	$\dfrac{60\sim120}{38}$	$\dfrac{70\sim120}{46}$	$\dfrac{80\sim120}{54}$	$\dfrac{95\sim120}{60}$	$\dfrac{120}{78}$	$\dfrac{120}{90}$
					$\dfrac{130}{32}$	$\dfrac{130\sim180}{36}$	$\dfrac{130\sim200}{44}$	$\dfrac{130\sim200}{52}$	$\dfrac{130\sim200}{60}$	$\dfrac{130\sim200}{72}$	$\dfrac{130\sim200}{84}$	$\dfrac{130\sim200}{96}$
										$\dfrac{210\sim250}{85}$	$\dfrac{210\sim300}{91}$	$\dfrac{210\sim300}{109}$
l 系列		16,(18),20,(22),25,(28),30,(32),35,(38),40,45,50,(55),60,(65),70,(75),80,(85),90,(95),100,110,120,130,140,150,160,170,180,190,200,210,220,230,240,250,260,280,300										

注：P 是粗牙螺纹的螺距。

3. 内六角圆柱头螺钉（摘自 GB/T 70.1—2008）

标记示例

螺纹规格 $d = $ M5、公称长度 $l = 20$ mm、性能等级为 8.8 级、表面氧化的内六角圆柱头螺钉，其标记为：螺钉 GB/T 70.1 M5×200

附表 C-3　内六角圆柱头螺钉各部分尺寸　　　　　　　　mm

螺纹规格 d	M3	M4	M5	M6	M8	M10	M12	M14	M16	M20
P(螺距)	0.5	0.7	0.8	1	1.25	1.5	1.75	2	2	2.5
b 参考	18	20	22	24	28	32	36	40	44	52
d_k	5.5	7	8.5	10	13	16	18	21	24	30
k	3	4	5	6	8	10	12	14	16	20
t	1.3	2	2.5	3	4	5	6	7	8	10
s	2.5	3	4	5	6	8	10	12	14	17
e	2.87	3.44	4.58	5.72	6.86	9.15	11.43	13.72	16.00	19.44
r	0.1	0.2	0.2	0.25	0.4	0.4	0.6	0.6	0.6	0.8
公称长度 l	5～30	6～40	8～50	10～60	12～80	16～100	20～120	25～140	25～160	30～200
$l \leqslant$ 表中数值时，制出全螺纹	20	25	25	30	35	40	45	55	55	65
l 系列	2.5,3,4,5,6,8,10,12,16,20,25,30,35,40,45,50,55,60,65,70,80,90,100,110,120,130,140,150,160,180,200,220,240,260,280,300									

注：螺纹规格 d＝M1.6～M64。

4. 开槽沉头螺钉（摘自 GB/T 68—2000）

标记示例

螺纹规格 d＝M5、公称长度 l＝20 mm、性能等级为 4.8 级、不经表面处理的 A 级开槽沉头螺钉，其标记为：

螺钉 GB/T 68 M5×20

附表 C-4　开槽沉头螺钉各部分尺寸　　　　　　　　mm

螺纹规格 d	M1.6	M2	M2.5	M3	M4	M5	M6	M8	M10
P(螺距)	0.35	0.4	0.45	0.5	0.7	0.8	1	1.25	1.5
b	25	25	25	25	38	38	38	38	38
d_k	3.6	4.4	5.5	6.3	9.4	10.4	12.6	17.3	20
k	1	1.2	1.5	1.65	2.7	2.7	3.3	4.65	5
n	0.4	0.5	0.6	0.8	1.2	1.2	1.6	2	2.5
r	0.4	0.5	0.6	0.8	1	1.3	1.5	2	2.5
t	0.5	0.6	0.75	0.85	1.3	1.4	1.6	2.3	2.6
公称长度 l	2.5～16	3～20	4～25	5～30	6～40	8～50	8～60	10～80	12～80
l 系列	2.5,3,4,5,6,8,10,12,(14),16,20,25,30,35,40,45,50,(55),60,(65),70,(75),80								

注：1. 括号内的规格尽可能不采用。

　　2. M1.6～M3 的螺钉、公称长度 $l \leqslant 30$ 的，制出全螺纹；M4～M10 的螺钉、公称长度 $l \leqslant 45$ 的，制出全螺纹。

5. 开槽圆柱头螺钉(摘自 GB/T 65—2000)

标记示例

螺纹规格 d＝M5、公称长度 l＝20 mm、性能等级为 4.8 级、不经表面氧化的 A 级开槽圆柱头螺钉,其标记为:螺钉 GB/T 65 M5×20

附表 C-5　开槽圆柱头螺钉各部分尺寸　　　　　　　　　mm

螺纹规格 d	M4	M5	M6	M8	M10
P(螺距)	0.7	0.8	1	1.25	1.5
b	38	38	38	38	38
d_k	7	8.5	10	13	16
k	2.6	3.3	3.9	5	6
n	1.2	1.2	1.6	2	2.5
r	0.2	0.2	0.25	0.4	0.4
t	1.1	1.3	1.6	2	2.4
公称长度 l	5～40	6～50	8～60	10～80	12～80
l 系列	5,6,8,10,12,(14),16,20,25,30,35,40,45,50,(55),60,(65),70,(75),80				

注:1. 公称长度 l≤40 的螺钉,制出全螺纹。

　　2. 括号内的规格尽可能不采用。

　　3. 螺纹规格 d＝M1.6～M10;公称长度 l＝2～80。

6. 开槽盘头螺钉(摘自 GB/T 67—2000)

标记示例

螺纹规格 d＝M5、公称长度 l＝20 mm、性能等级为 4.8 级、不经表面处理的 A 级开槽盘头螺钉,其标记为:螺钉 GB/T 67 M5×20

附表 C-6　开槽盘头螺钉各部分尺寸　　　　　　　　　mm

螺纹规格 d	M1.6	M2	M2.5	M3	M4	M5	M6	M7	M8
P(螺距)	0.35	0.4	0.45	0.5	0.7	0.8	1	1.25	1.5
b	25	25	25	25	38	38	38	38	38
d_k	3.2	4	5	5.6	8	9.5	12	16	20
k	1	1.3	1.5	1.8	2.4	3	3.6	4.8	6
n	0.4	0.5	0.6	0.8	1.2	1.2	1.6	2	2.5
r	0.1	0.1	0.1	0.1	0.2	0.2	0.25	0.4	0.4

续表

螺纹规格 d	M1.6	M2	M2.5	M3	M4	M5	M6	M7	M8
t	0.35	0.5	0.6	0.7	1	1.2	1.4	1.9	2.4
公称长度 l	2~16	2.5~20	3~25	4~30	5~40	6~50	8~60	10~80	12~80
l 系列	2,2.5,3,4,5,6,8,10,12,(14),16,20,25,30,35,40,45,50,(55),60,(65),70,(75),80								

注: 1. 括号内的规格尽可能不采用。

　　2. M1.6~M3 的螺钉,公称长度 $l \leqslant 30$ 的,制出全螺纹;

　　　 M4~M10 的螺钉,公称长度 $l \leqslant 40$ 的,制出全螺纹。

7. 紧定螺钉

开槽锥端紧定螺钉　　　　开槽平端紧定螺钉　　　　开槽长圆柱紧定螺钉

GB/T 71—1985　　　　　GB/T 73—1985　　　　　GB/T 75—1985

标记示例

　　螺纹规格 d = M5、公称长度 l = 12 mm、性能等级为 14H 级、表面氧化的开槽长圆柱端紧定螺钉,其标记为:螺钉 GB/T 75 M5×12

附表 C-7　紧定螺钉各部分尺寸　　　　　　　　　　mm

螺纹规格 d		M1.6	M2	M2.5	M3	M4	M5	M6	M8	M10	M12
P(螺距)		0.35	0.4	0.45	0.5	0.7	0.8	1	1.25	1.5	1.75
n		0.25	0.25	0.4	0.4	0.6	0.8	1	1.2	1.6	2
t		0.74	0.84	0.95	1.05	1.42	1.63	2	2.5	3	3.6
d_t		0.16	0.2	0.25	0.3	0.4	0.5	1.5	2	2.5	3
d_p		0.8	1	1.5	2	2.5	3.5	4	5.5	7	8.5
z		1.05	1.25	1.5	1.75	2.25	2.75	3.25	4.3	5.3	6.3
l	GB/T 71—1985	2~8	3~10	3~12	4~16	6~20	8~25	8~30	10~40	12~50	14~60
	GB/T 73—1985	2~8	2~10	2.5~12	3~16	4~20	5~25	6~30	8~40	10~50	12~60
	GB/T 75—1985	2.5~8	3~10	4~12	5~16	6~20	8~25	10~30	10~40	12~50	14~60
l 系列		2,2.5,3,4,5,6,8,10,12,(14),16,20,25,30,35,40,45,50,(55),60									

注: 1. l 为公称长度。

　　2. 括号内的规格尽可能不采用。

8. 螺母

1 型六角螺母—A 和 B 级	2 型六角螺母—A 和 B 级	六角薄螺母
GB/T 6170—2000	GB/T 6175—2000	GB/T 6172.1—2000

标记示例

螺纹规格 D＝M12、性能等级为 8 级、不经表面处理、产品等级为 A 级 1 型六角螺母,其标记为:螺母 GB/T 6170 M12

螺纹规格 D＝M12、性能等级为 9 级、表面氧化的 2 型六角螺母,其标记为:螺母 GB/T 6175 M12

螺纹规格 D＝M12、性能等级为 04 级、不经表面处理的六角薄螺母,其标记为:螺母 GB/T 6172.1 M12

附表 C-8　螺母各部分尺寸　　　　　　　　　　　　　　　mm

螺纹规格 D		M3	M4	M5	M6	M8	M10	M12	M16	M20	M24	M30	M36
e	min	6.01	7.66	8.63	10.89	14.20	17.59	19.85	26.17	32.95	39.55	50.85	60.79
s	max	5.5	7	8	10	13	16	18	24	30	36	46	55
	min	5.5	7	8	10	13	16	18	24	30	36	46	55
c	max	0.4	0.4	0.5	0.5	0.6	0.6	0.6	0.8	0.8	0.8	0.8	0.8
d_w	min	4.6	5.9	6.9	8.9	11.6	14.6	16.6	22.5	27.7	33.2	42.8	51.1
d_a	max	3.45	4.6	5.75	6.75	8.75	10.8	13	17.3	21.6	25.9	32.4	38.9
GB/T 6170 —2000 m	max	2.4	3.2	4.7	5.2	6.8	8.4	10.8	14.8	18	21.5	25.6	31
	min	2.15	2.9	4.4	4.9	6.44	8.04	10.37	14.1	16.9	20.2	24.3	29.4
GB/T 6172.1 —2000 m	max	1.8	2.2	2.7	3.2	4	5	6	8	10	12	15	18
	min	1.55	1.95	2.45	2.9	3.7	4.7	5.7	7.42	9.10	10.9	13.9	16.9
GB/T 6175 —2000 m	max	—	—	5.1	5.7	7.5	9.3	12	16.4	20.3	23.9	28.6	34.7
	min	—	—	4.8	5.4	7.14	8.94	11.57	15.7	19	22.6	27.3	33.1

注:A 级用于 $D{\leqslant}16$;B 级用于 $D{>}16$。

9. 垫圈

小垫圈—A 级(GB/T 848—2002)

平垫圈—A 级(GB/T 97.1—2002)

平垫圈　倒角型—A 级(GB/T 97.2—2002)

　　　　标记示例

　　标准系列、公称规格 8 mm、性能等级为 140HV 级、不经表面处理的 A 级平垫圈,其标记为:垫圈 GB/T 97.1 8

附表 C-9　垫圈各部分尺寸　　　　　　　　　mm

公称尺寸 (螺纹规格 d)		1.6	2	2.5	3	4	5	6	8	10	12	14	16	20	24	30	36
d_1	GB/T 848	1.7	2.2	2.7	3.2	4.3	5.3	6.4	8.4	10.5	13	15	17	21	25	31	37
	GB/T 97.1	1.7	2.2	2.7	3.2	4.3	5.3	6.4	8.4	10.5	13	15	17	21	25	31	37
	GB/T 97.2						5.3	6.4	8.4	10.5	13	15	17	21	25	31	37
d_1	GB/T 848	3.5	4.5	5	6	8	9	11	15	18	20	24	28	34	39	50	60
	GB/T 97.1	4	5	6	7	9	10	12	16	20	24	28	30	37	44	56	66
	GB/T 97.2						10	12	16	20	24	28	30	37	44	56	66
h	GB/T 848	0.3	0.3	0.5	0.5	0.5	1	1.6	1.6	1.6	2	2.5	2.5	3	4	4	5
	GB/T 97.1	0.3	0.3	0.5	0.5	0.8	1	1.6	1.6	2	2.5	2.5	3	3	4	4	5
	GB/T 97.2						1	1.6	1.6	2	2.5	2.5	3	3	4	4	5

10. 标准型弹簧垫圈(摘自 GB/T 93—2002)

标记示例

规格 16 mm、材料为 65Mn、表面氧化的标准型弹簧垫圈,其标记为:垫圈 GB/T 93 16

附表 C-10　标准型弹簧垫圈各部分尺寸　　　　　　　mm

规格(螺纹大径)		3	4	5	6	8	10	12	(14)	16	(18)	20	(22)	24	(27)	30
d		3.1	4.1	5.1	6.1	8.1	10.2	12.2	14.2	16.2	18.2	20.2	22.5	24.5	27.5	30.5
H	GB/T 93	1.6	2.2	2.6	3.2	4.2	5.2	6.2	7.2	8.2	9	10	11	12	13.6	15
	GB/T 859	1.2	1.6	2.2	2.6	3.2	4	5	6	6.4	7.2	8	9	10	11	12

规格(螺纹大径)		3	4	5	6	8	10	12	(14)	16	(18)	20	(22)	24	(27)	30
$S(b)$	GB/T 93	0.8	1.1	1.3	1.6	2.1	2.6	3.1	3.6	4.1	4.5	5	5.5	6	6.8	7.5
S	GB/T 859	0.6	0.8	1.1	1.3	1.6	2	2.5	3	3.2	3.6	4	4.5	5	5.5	6
$m \leqslant$	GB/T 93	0.4	0.55	0.65	0.8	1.05	1.3	1.55	1.8	2.05	2.25	2.5	2.75	3	3.4	3.75
	GB/T 859	0.3	0.4	0.55	0.65	0.8	1	1.25	1.5	1.6	1.8	2	2.25	2.5	2.75	3
b	GB/T 859	1	1.2	1.5	2	2.5	3	3.5	4	4.5	5	5.5	6	7	8	9

注：1. 括号内的规格尽可能不采用。

　　2. m 应大于零。

附录 D 键、销

1. 普通平键及键槽（摘自 GB/T 1096—2003 及 GB/T 1095—2003）

标记示例

圆头普通平键（A 型），$b=18$ mm，$h=11$ mm，$L=100$ mm GB/T 1096—2003 键 18×11×100

圆头普通平键（B 型），$b=18$ mm，$h=11$ mm，$L=100$ mm GB/T 1096—2003 键 B18×11×100

附表 D-1 普通平键及键槽各部分尺寸 　　　　　mm

轴径 d	键的公称尺寸			键槽深		r 小于
				轴	轮毂	
	b	h	L	t	t_1	
自 6～8	2	2	6～20	1.2	1.0	
>8～10	3	3	6～36	1.8	1.4	0.16
>10～12	4	4	8～45	2.5	1.8	
>12～17	5	5	10～56	3.0	2.3	
>17～22	6	6	14～70	3.5	2.8	0.25
>22～30	8	7	18～90	4.0	3.3	
>30～38	10	8	22～110	5.0	3.3	
>38～44	12	8	28～140	5.0	3.3	
>44～50	14	9	36～160	5.5	3.8	0.40
>50～58	16	10	45～180	6.0	4.3	
>58～65	18	11	50～200	7.0	4.4	
>65～75	20	12	56～220	7.5	4.9	
>75～85	22	14	63～250	9.0	5.4	
>85～95	25	14	70～280	9.0	5.4	0.60
>95～110	28	16	80～320	10.0	6.4	
>110～130	32	18	90～360	11.0	7.4	

轴径 d	键的公称尺寸			键槽深		r 小于
				轴	轮毂	
	b	h	L	t	t_1	
>130~150	36	20	100~400	12.0	8.4	
>150~170	40	22	100~400	13.0	9.4	1.00
>170~200	45	25	110~450	15.0	10.4	
>200~230	50	28	125~500	17.0	11.4	
>230~260	56	30	140~500	20.0	12.4	
>260~290	63	32	160~500	20.0	12.4	1.60
>290~300	70	36	180~500	22.0	12.4	
>330~380	80	40	200~500	25.0	15.4	
>380~440	90	45	220~500	28.0	17.4	2.50
>440~500	100	50	250~500	31.0	19.5	
L 的系列	6,8,10,12,14,16,18,20,22,25,28,32,36,40,45,50,56,63,70,80,90,100,110,125,140,160…					

注：1. 在工作图中轴槽深用 $d-t$ 或 t 标注，轮毂槽深用 $d+t_1$ 标注。

　　2. 对于空心轴、阶梯轴、传递较低扭矩及定位等特殊情况，允许大直径的轴选用较小断面尺寸的键。

2. 半圆键及键槽(摘自 GB/T 1099—2003 及 GB/T 1098—2003)

标记示例

半圆键 $b=6$ mm, $h=100$ mm, $d=25$ mm, $L=100$ mm GB/T 1099—2003　键 $6×10×100$

附表 D-2　半圆键及键槽各部分尺寸　　　　　　　　　　　　mm

轴径 d		键的公称尺寸				键槽深		C 小于
键传递扭矩用	键传动定位用	b	h	d_1	$l≈$	轴	轮毂	
						t	t_1	
自 3~4	自 3~4	1.0	1.4	4	3.9	1.0	0.6	
>4~5	>4~6	1.5	2.6	7	6.8	2.0	0.8	
>5~6	>6~8	2.0	2.6	7	6.8	1.8	1.0	
>6~7	>8~10		3.7	10	9.7	2.9		0.25
>7~8	>10~12	2.5	3.7	10	9.7	2.7	1.2	
>8~10	>12~15	3.0	5.0	13	12.7	3.8	1.4	
>10~12	>15~18		6.5	16	15.7	5.3		

续表

轴径 d		键的公称尺寸				键槽深		C 小于
键传递 扭矩用	键传动 定位用	b	h	d_1	$l \approx$	轴	轮毂	
						t	t_1	
>12～14	>18～20	4.0	6.5	16	15.7	5.0	1.8	
>14～16	>20～22		7.5	19	18.6	6.0		
>16～18	>22～25	5.0	6.5	16	15.7	4.5	2.3	0.4
>18～20	>25～28		7.5	19	18.6	5.5		
>20～22	>28～32		9	22	21.6	7.0		
>22～25	>32～36	6	9	22	21.6	6.5	2.8	
>25～28	>36～40		10	25	24.5	7.5		
>28～32	40	8	11	28	27.4	8.0	3.3	0.6
>32～38	—	10	13	32	31.4	10.0		

注：1. 在工作图中轴槽深用 $d-t$ 或 t 标注，轮毂槽深用 $d+t_1$ 标注。

　　2. k 值系计算键连接挤压应力时的参考尺寸。

3. 销

(a) 圆柱销

A型　　　　　　　　　　　　　B型

$R_1 \approx d$

$R_2 \approx \dfrac{a}{2} + d + \dfrac{(0.02l)^2}{8a}$

(b) 圆锥销　　　　　　　　　　　(c) 开口销

标记示例

公称直径 10 mm、长 50 mm 的 A 型圆柱销，其标记为：销 GB/T 119.1 10×50

公称直径 10 mm、长 60 mm 的 A 型圆锥销，其标记为：销 GB/T 117 10×60

公称直径 5 mm、长 50 mm 的开口销，其标记为：销 GB/T 91 10×50

附表 D-3　销各部分尺寸　　　　　　　　　　mm

名　称	公称直径 d	1	1.2	1.5	2	2.5	3	4	5	6	8	10	12
圆柱销(GB/T 119.1—2000)	$n\approx$	0.12	0.16	0.20	0.25	0.30	0.40	0.50	0.63	0.80	1.0	1.2	1.6
	$c\approx$	0.20	0.25	0.30	0.35	0.40	0.50	0.63	0.80	1.2	1.6	2	2.5
圆锥销(GB/T 117—2000)	$a\approx$	0.12	0.16	0.20	0.25	0.30	0.40	0.50	0.63	0.80	1	1.2	1.6
开口销(GB/T 91—2000)	d(公称)	0.6	0.8	1	1.2	1.6	2	2.5	3.2	4	5	6.3	8
	c	1	1.4	1.8	2	2.8	3.6	4.6	5.8	7.4	9.2	11.8	15
	$b\approx$	2	2.4	3	3	3.2	4	5	6.4	8	10	12.6	16
	a	1.6	1.6	1.6	2.5	2.5	2.5	2.5	4	4	4	4	4
	l(商品规格范围公称长度)	4~12	5~16	6~0	8~6	8~2	10~40	12~50	14~65	18~80	22~100	30~120	40~160
L 系列		2,3,4,5,6,8,10,12,14,16,18,20,22,24,26,28,30,32,35,40,45,50,55,60,65,70,75,80,85,90,95,100,120											

附录 E 常用滚动轴承

1．深沟球轴承（GB/T 276—1994）

60000型

基本尺寸

标记示例

内径 $d=20$ 的 60000 型深沟球轴承，尺寸系列为(0)2，组合代号为 62，其标记为：滚动轴承 6204 GB/T 276—1994

附表 E-1 深沟球轴承各部分尺寸

轴承代号	基本尺寸/mm			轴承代号	基本尺寸/mm		
	d	D	B		d	D	B
(1)0 尺寸系列				6202	15	35	11
6000	10	26	8	6203	17	40	12
6001	12	28	8	6204	20	47	14
6002	15	32	9	6205	25	52	15
6003	17	35	10	6206	30	62	16
6004	20	42	12	6207	35	72	17
6005	25	47	12	6208	40	80	18
6006	30	55	13	6209	45	85	19
6007	35	62	14	6210	50	90	20
6008	40	68	15	6211	55	100	21
6009	45	75	16	6212	60	110	22
6010	50	80	16	6213	65	120	23
6011	55	90	18	6214	70	125	24
6012	60	95	18	6215	75	130	25
6013	65	100	18	(0)3 尺寸系列			
6014	70	110	20	6300	10	35	11
6015	75	115	20	6301	12	37	12
6016	80	125	22	6302	15	42	13
6017	85	130	22	6303	17	47	14
6018	90	140	24	6304	20	52	15
6019	95	145	24	6305	25	62	17
6020	100	150	24	6306	30	72	19
(0)2 尺寸系列				6307	35	80	21
6200	10	30	9	6308	40	90	23
6201	12	32	10	6309	45	100	25

续表

轴承代号	基本尺寸/mm			轴承代号	基本尺寸/mm		
	d	D	B		d	D	B
6310	50	110	27	6406	30	90	23
6311	55	120	29	6407	35	100	25
6312	60	130	31	6408	40	110	27
6313	65	140	33	6409	45	120	29
6314	70	150	35	6410	50	130	31
6315	75	160	37	6411	55	140	33
6316	80	170	39	6412	60	150	35
6317	85	180	41	6413	65	160	37
6318	90	190	43	6414	70	180	42
6319	95	200	45	6415	75	190	45
6320	100	215	47	6416	80	200	48
(0)4 尺寸系列				6417	85	210	52
6403	17	62	17	6418	90	225	54
6404	20	72	19	6420	100	250	58
6405	25	80	21				

2. 圆锥滚子轴承(GB/T 297—1994)

30000型

基本尺寸

标记示例

内径 $d=20$ mm,尺寸系列代号为 02 的圆锥滚子轴承,其标记为:滚动轴承 30204 GB/T 297—1994

附表 E-2　圆锥滚子轴承各部分尺寸

轴承代号	基本尺寸/mm					轴承代号	基本尺寸/mm				
	d	D	T	B	C		d	D	T	B	C
02 尺寸系列						30211	55	100	22.75	21	18
30203	17	40	13.25	12	11	30212	60	110	23.75	22	19
30204	20	47	15.25	14	12	30213	65	120	24.75	23	20
30205	25	52	16.25	15	13	30214	70	125	26.25	24	21
30206	30	62	17.25	16	14	30215	75	130	27.25	25	22
30207	35	72	18.25	17	15	30216	80	140	28.25	26	22
30208	40	80	19.75	18	16	30217	85	150	30.5	28	24
30209	45	85	20.75	19	16	30218	90	160	32.5	30	26
30210	50	90	21.75	20	17	30219	95	170	34.5	32	27

续表

轴承代号	基本尺寸/mm					轴承代号	基本尺寸/mm				
	d	D	T	B	C		d	D	T	B	C
30220	100	180	37	34	29	32212	60	110	29.75	28	24
03 尺寸系列						32213	65	120	32.75	31	27
30302	15	42	14.25	13	11	32214	70	125	33.25	31	27
30303	17	47	15.25	14	12	32215	75	130	33.25	31	27
30304	20	52	16.25	15	13	32216	80	140	35.25	33	28
30305	25	62	18.25	17	15	32217	85	150	38.5	36	30
30306	30	72	20.75	19	16	32218	90	160	42.5	40	34
30307	35	80	22.75	21	18	32219	95	170	45.5	43	37
30308	40	90	25.25	23	20	32220	100	180	49	46	39
30309	45	100	27.25	25	22	23 尺寸系列					
30310	50	110	29.25	27	23	32303	17	47	20.25	19	16
30311	55	120	31.5	29	25	32304	20	52	22.25	21	18
30312	60	130	33.5	31	26	32305	25	62	25.25	24	20
30313	65	140	36	33	28	32306	30	72	28.75	27	23
30314	70	150	38	35	30	32307	35	80	32.75	31	25
30315	75	160	40	37	31	32308	40	90	35.25	33	27
30316	80	170	42.5	39	33	32309	45	100	38.25	36	30
30317	85	180	44.5	41	34	32310	50	110	42.25	40	33
30318	90	190	46.5	43	36	32311	55	120	45.5	43	35
30319	95	200	49.5	45	38	32312	60	130	48.5	46	37
30320	100	215	51.5	47	39	32313	65	140	51	48	39
22 尺寸系列						32314	70	150	54	51	42
32206	30	62	21.25	20	17	32315	75	160	58	55	45
32207	35	72	24.25	23	19	32316	80	170	61.5	58	48
32208	40	80	24.75	23	19	32317	85	180	63.5	60	49
32209	45	85	24.75	23	19	32318	90	190	67.5	64	53
32210	50	90	24.75	23	19	32319	95	200	71.5	67	55
32211	55	100	26.75	25	21	32320	100	215	77.5	73	60

3. 推力球轴承（GB/T 301—1995）

51000 型

基本尺寸

标记示例

内径 $d=20$ mm,5100 型推力球轴承,12 尺寸系列,其标记为：滚动轴承 51204 GB/T 301—1995

附表 E-3　推力球轴承各部分尺寸

轴承代号	基本尺寸/mm				轴承代号	基本尺寸/mm			
	d	d_1 min	D	T		d	d_1 min	D	T
12 尺寸系列					51309	45	47	85	28
51200	10	12	26	11	51310	50	52	95	31
51201	12	14	28	11	51311	55	57	105	35
51202	15	17	32	12	51312	60	62	110	35
51203	17	19	35	12	51313	65	67	115	36
51204	20	22	40	14	51314	70	72	125	40
51205	25	27	47	15	51315	75	77	135	44
51206	30	32	52	16	51316	80	82	140	44
51207	35	37	62	18	51317	85	88	150	49
51208	40	42	68	19	51318	90	93	155	50
51209	45	47	73	20	51320	100	103	170	55
51210	50	52	78	22	14 尺寸系列				
51211	55	57	90	25					
51212	60	62	95	26	51405	25	27	60	24
51213	65	67	100	27	51406	30	32	70	28
51214	70	72	105	27	51407	35	37	80	32
51215	75	77	110	27	51408	40	42	90	36
51216	80	82	115	28	51409	45	47	100	39
51217	85	88	125	31	51410	50	52	110	43
51218	90	93	135	35	51411	55	57	120	48
51220	100	103	150	38	51412	60	62	130	51
13 尺寸系列					51413	65	68	140	56
					51414	70	73	150	60
51304	20	22	47	18	51415	75	78	160	65
51305	25	27	52	18	51416	80	83	170	68
51306	30	32	60	21	51417	85	88	180	72
51307	35	37	68	24	51418	90	93	190	77
51308	40	42	78	26	51420	100	103	210	85

参 考 文 献

[1] 董国耀. 机械制图[M]. 北京：北京理工大学出版社,1998.

[2] 丁一,何玉林. 工程图学基础[M]. 北京：高等教育出版社,2008.

[3] 毛昕,黄英,肖平阳. 画法几何及机械制图[M].4 版. 北京：高等教育出版社,2010.

[4] 何铭新,钱可强,徐祖茂. 机械制图[M].6 版. 北京：高等教育出版社,2010.

[5] 西安交通大学工程画教研室. 画法几何及工程制图[M]. 北京：高等教育出版社,2009.

[6] 董晓英. 工程图学基础——制图与 AutoCAD[M]. 北京：中国农业科技出版社,1999.

[7] 全国技术产品文件标准化技术委员会,中国标准出版社第三编辑室. 全国产品文件标准汇编机械制图卷 a[M].2 版. 北京：中国标准出版社,2009.

[8] 全国技术产品文件标准化技术委员会,中国标准出版社第三编辑室. 全国产品文件标准汇编机械制图卷 b[M].2 版. 北京：中国标准出版社,2009.

[9] 马兰,徐丽娟. 机械制图[M].2 版. 北京：机械工业出版社,2012.

[10] 刘荣珍,赵军. 机械制图[M].2 版. 北京：科学出版社,2012.